居家急救百科

一本你不能不看的救命寶典

羅德・貝可＆大衛・貝思博士◎著　李琪瑋◎譯
國泰綜合醫院外科醫師 梁子豪◎審訂

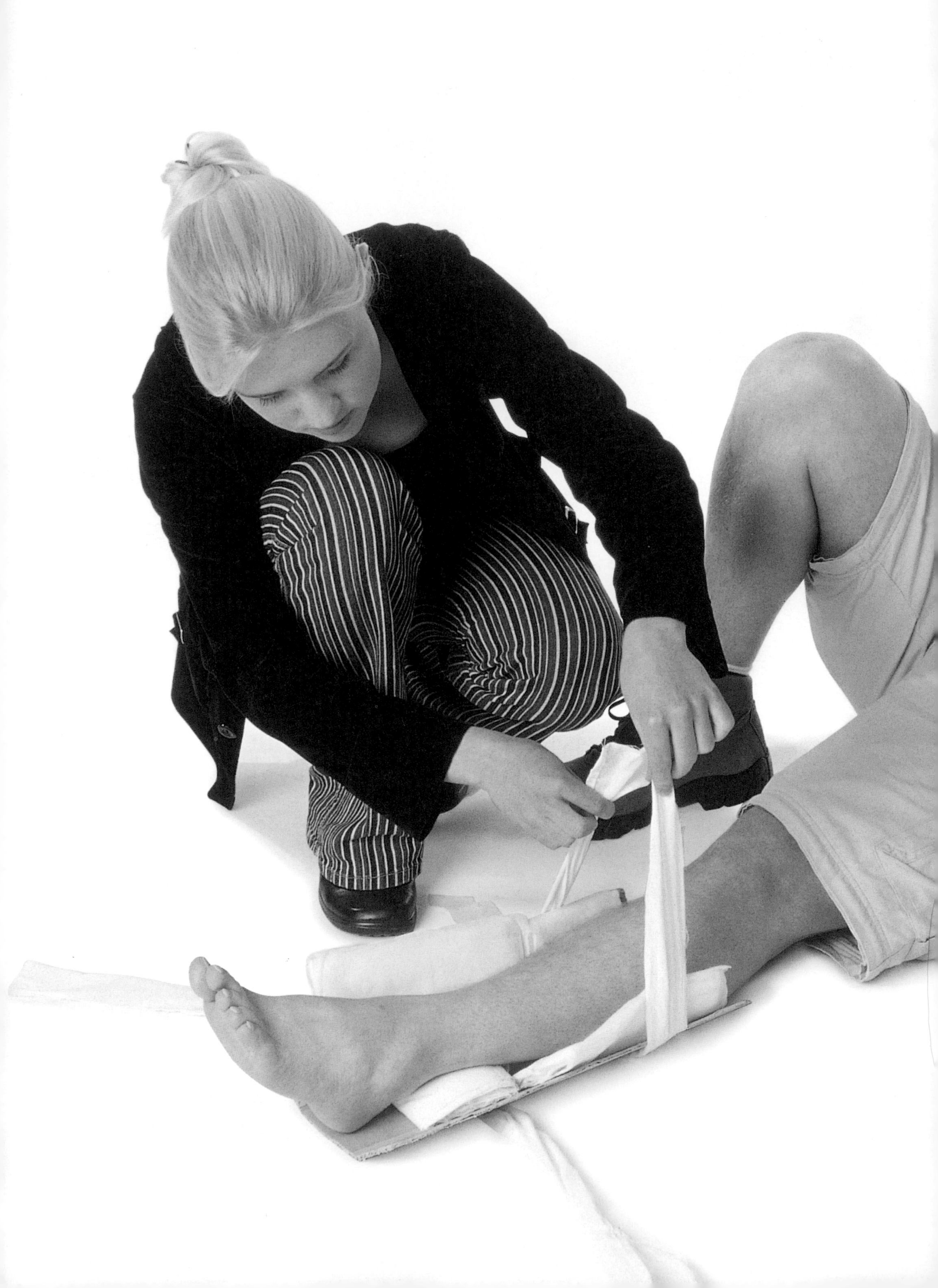

居家急救百科

一本你不能不看的救命寶典

CONTENTS

第一步

急救篇

居家照護篇

居家安全篇

戶外安全篇

水邊安全篇

附錄

推薦序

天有不測風雲，人有旦夕禍福，面對突發的疾病或意外事故，若能適當即時的因應，則可將傷害減到最低的程度，甚至有能否挽回生命的差別。

台灣目前醫療資源的可近性與公平性相當高，但時效更重要，若國民對意外傷害能有足夠的認知，或達到醫護照顧之前，明辨什麼該做與不該做，採取適切的措施並及時就醫，則後續的治療往往事半功倍，欲達此目標，簡易的急救知識與技能是不可或缺的。

本書除了提供正確急救之基本常識之外，另有居家照護篇，對常見的急性疾病發作情況有深入淺出的介紹，若具有這些常識，可幫助你及身邊的人及早發覺自己的身體異常，而能分秒必爭即時尋找醫療資源，早期治療的結果往往可得最佳的治療結果，預防重於治療，一般居家及戶外生活環境的安全措施往往可預防意外的發生，就像醫療疏失的發生常可藉由對系統及結構的檢討來防止疏失的發生。

本書翻譯自英國名家之作，範圍周全、內容豐富詳實，若能多加利用，對國民的健康促進將有很大貢獻。

黃清水

國泰綜合醫院　黃清水院長

審訂者的話

台灣是一個幸福的國度，就算其他方面不是，起碼在醫療上是如此。

自從全民健保實施以來，在健保局「有效」的控管下，醫療院所無不使出渾身解數，把經濟效益發揮到最高境界。撇開其他負面效應不說，站在民眾的立場上，這的確是幸福的。因為，生活在台灣，無論在醫療水準上、醫療取得的容易度上都是世界上名列前矛的，更何況醫療費用又是相對的低廉。但儘管如此，總沒有人喜歡沒事跑醫院。

「家庭急救護理」這本書提供了相當簡明的醫療及急救常識，內容涵蓋了大部分居家生活所可能碰到的狀況。裏面沒有艱澀的專有名詞，也沒有難懂的醫學理論；取而代之的是條列式的處理原則。簡潔的文句，使得一般大眾都很容易看得懂，而且很快就可以找到自己所要看的主題，無論是日常閱讀，或者是臨時翻閱，都非常適合。最難得的是，書中所引用的一些急救原則，都是美國最新的版本，作者及出版社的用心，可想而知。

您不可能請一位醫師在家裡待命，但您可以把「家庭急救護理」放在家裡，以備不時之需，它是一本可靠的看門書。

祝您　合家平安　身體健康

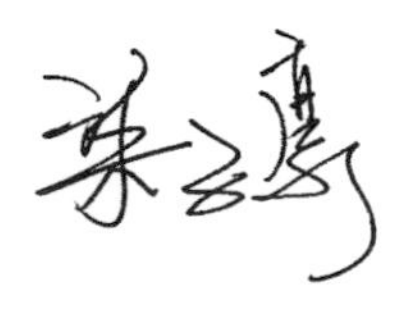

國泰綜合醫院　外科醫師梁子豪

第一步

我們都希望能永遠不要經歷過急救或遇到需要給予急救的狀況，但是藉由自我事前的準備，你將會知道應該怎麼做。

瞭解基本的急救知識程序將會幫助你保持冷靜，並且有效率地執行急救工作。它將會告訴你該做些什麼，並且知道哪些事是不應該做的。它也能讓你及時反應，去利用任何一個方式來達到良好效果。

在本書中，這些具有個別性的醫療急救法則提供了一系列明確地“該怎麼做與禁止事項”的指引，也能讓人學習到急救處理的基本原則。

藉由參加經過認證之急救課程，你最終能夠向他人伸出更有力的援手－例如拯救他們的性命！

第一章節

緊急應變 Coping in an emergency

在緊急情況中，除非你會某些基本急救技能，並能有系統的進行其步驟，否則你所需要做的是在能力範圍之內，提供傷患有意義的照顧，並且給予其能化解盲目恐慌的安慰。

由上述可知，這些教導急救的章節，尤其是心肺復甦術（詳見第22-37頁），應當視為初級的入門書，而非綜合訓練的手冊。一旦讀了這些指引，你或許會希望有著更深一層的了解，並且成為一位幫助維持基本生命的技術成熟提供者。我們建議你參與一些受到國際會議認可的緊急服務課程，因大部分的認證課程，將不僅僅教導你處理一連串緊急情況的有用維生技巧，還能使你實地進行栩栩如生的練習與調整你的技巧。

你的角色是第一個回應者

大部分的傷害與嚴重的緊急情況會在無預警的地點或情境之下發生，而這些位置可能距離醫院、醫生的診療室或具有救護車的單位相當遠。雖然救護車的工作人員、消防人員或救生員均廣泛地受訓過來處理這些緊急情況，但是他們可能無法即時地到達意外發生的現場。

而想要在這種介於生死關頭的情況下脫困，通常依照兩項要素而定：

- 提供基本維生措施的速度。
- 現場是否有一位成人能夠冷靜評估狀況的種類與嚴重程度，尋求適當的協助，並且如果有必要的話，在等待救援抵達之前，能執行**復甦程序**（詳見第22-37頁）。

尤其是生命受到威脅時，例如：**幾近溺斃**（詳見第21頁與第163頁）、**異物哽塞**（詳見第34頁）以及因深處**撕裂傷**所造成的嚴重出血（詳見第84-85頁），傷患的生存可能仰賴第一位到達現場的人，即第一位回應者，是否能在等待專業救援到來的期間便開始執行復甦術。

身為父母或祖父母、老師、孩童的看護者、運動教練或者只是單純想伸出援手的人，想要能夠有“做出辨別”的能力，你可能會希望獲得一些技巧，是身為第一位回應者在醫療緊急情況之下，所必須要去執行的。如果你願意，那麼本書所包含的階梯式指導方針、要訣與警語，應該會幫助你在發現嚴重疾患或突發傷害之後的最初幾分鐘，能系統性地、有效地去行動。

在簡單的術語中，急救包括了廣大範圍的指導方針與技巧，使你能提供給生病或受傷的人有效的協助，並且無論在什麼地方，都能以極少量醫療設備的情況下快速進行救助。

無論是屬於哪一類的緊急情況，急救的基本原則都是相同的：

- 儘早叫救護車。
- 小心評估現場狀況。
- 保護你自己與傷患遠離不必要的危險。
- 視傷患需要而開始給予急救。
- 持續地進行急救直到傷患恢復或救援抵達。

呼救

在許多的例子中，第一位回應者往往能快速又有效地給予協助，然而若是無法清楚地知道傷患的狀況與嚴重性，在執行急救之前，須請求協助。如果傷患：

- 無意識、嗜睡或失去定向力。
- 呼吸困難或根本沒有呼吸。
- 受到多重性的傷害、燒傷或電傷。
- 一處或多處傷口嚴重出血。
- 中毒的受害者。

面對任何你不確定有關傷患衰竭或傷害的情況，在你執行急救的時候，應該指示另外一位可靠的成年人去打電話請求協助，如果沒有人能夠這麼做，在你開始進行復甦術之前，請先打電話求救。至於該向誰求助，將視你居住地區所屬的緊急服務單位而定，無論是救護車服務、消防隊、醫院的急診室或私人醫生，隨時確保電話號碼已經紀錄在你的家用電話旁或是隨身手冊上，也包括了你手機裡的號碼簿。

評估現場狀況

擁有熱忱與判斷力佳的第一位有效回應者會去叫救護車。換句話說即是：無論緊急情況有多嚴重，在著手進行急救之前都應先觀察現場。舉例而言，如果你是單獨一人或是面對多位傷患，你可能必須去逐一評估他們的情況，然後決定何者最緊急地需要你的協助。身為首位救援提供者，面對所遇到的每一個情況，在你決定如何處理之前，都應該冷靜而客觀地去評估。

保護你自己與傷患遠離不必要的危險

如果你必須身處於有危險情況下提供急救，好的判斷力對確保每個人與你自身的安全是極為重要的。即使你是唯一能提供幫助的人，也永遠都不應該在危及自身安全之下搶救他人。

給予急救

即使引起傷患衰竭（詳見第21頁）的原因不明，毫不遲疑地執行復甦術仍是第一優先。當你確定傷患已處於無意識、休克或是呼吸困難時，開始著手使呼吸及循環恢復正常是唯一最重要的要素。你的快速反應將給予傷患最可能恢復的好機會。

如果你家中有緊急情況，應請求朋友或鄰居幫忙你看顧幼童，使你能夠安心去處理此情況。

呼救

在許多情況下，尤其是孤立無援的時刻，以及當問題的嚴重性並沒有清楚顯現出來，例如發現無意識或是無顯著原因而衰竭的人時，就是需要你這位急救提供者能勇往直前給予緊急照護的重要時刻。注意區別請求旁觀者的協助與呼叫緊急服務之間的差異（在本書中稱為"叫救護車"）。

在評估傷患以後，以下情況要請求協助：

- 傷患呼吸困難或根本沒有呼吸。
- 傷患有多重傷害、頭部或背部，或是大範圍的燒傷。
- 一處或多處傷口嚴重出血的傷患。
- 傷患呈現無意識、無定向感或嗜睡。
- 疑似中毒。
- 任何有關傷患衰竭與傷害的情況，是你無法確定的。
- 任何涉及了不止一位嚴重傷患的事件。

理想上來說，當你在執行基本維生措施時（詳見第22-37頁**復甦術**），你應該指示第二位可靠的成年人去打電話求救。如果沒有人可以這麼做，那麼在你執行**人工呼吸**（詳見第26頁）之前，請先自行叫救護車。

你該向誰求救端視你居住的地區所能提供的服務而定（或是離意外事件最近的救援中心）。確保你將救護車、醫務輔助人員、地方上的警察、醫院的急診室或是私人醫生的電話號碼，都已經清楚紀錄下來，隨時放在你的家用電話旁，以及隨身手冊與手機中的電話簿裡（詳見第175頁的**緊急連絡電話表**）。不要忽略了告知你的孩子－即使是幼童也能夠記住他們的住家地址，以及撥緊急電話。

在電話中你該說些什麼

當你打電話給緊急服務單位求救時，你必須提供一些基本訊息。要清楚地說出來，使你不必一直重複而浪費時間：

- **你的姓名**以及你所在位置的**電話號碼**（傳真或手機號碼）。
- **簡短的描述**事件發生經過（例如一個男人突然衰竭，而且他沒有呼吸）。
- **你身處的位置**；具體的地址及可能的方位。

不要掛斷電話直到你被告知可以這麼做。調度員或許能夠提供你一些訊息，這將可協助你與傷患，或是他們可能需要你提供醫療人員一些額外的訊息。

緊急連絡電話

救護車／緊急服務……………………………………

醫院……………………	家庭醫生…………………
消防隊…………………	警察局……………………
親戚……………………	鄰居………………………
學校……………………	公司………………………
藥局……………………	牙醫………………………
獸醫……………………	瓦斯公司…………………
電力公司………………	保險公司…………………

自來水公司……………………………………………

毒物諮詢中心…………………………………………

個人安全與感染控制

當你遇到一位傷患，尤其是你不熟識的人，在你執行復甦術或提供急救處理之前，你應該致力於保護自身與傷患免於陷入感染性疾病的危害。即使對人體免疫缺損病毒（Human Immunodeficiency Virus，HIV）的感染危機有廣泛地認識與應有地恐懼，但是急救提供者因可能會接觸到感染傷患被污染的血液或是體液，而成為其他病毒感染的危險群，例如B型肝炎（Hepatitis B）。為了減低感染的危機，我們強烈地建議你，無論是在對家人或是陌生人實施急救技巧時，建立習慣去使用最基本的感染控制方法－通常稱為"標準措施"。

保護你自己

一旦你已經完成了認證的基本急救課程，並且準備好要在醫療緊急情況之中隨時提供協助，為了以防萬一，你身上應該攜帶幾雙外科手套，與密封型可拋棄式復甦術專用面罩。手套不一定要經消毒過的，只要是乾淨並且沒有破損即可；面罩有單向瓣膜，用以預防傷患口內的唾液或血液通過進入你的口部。這些物品都不會佔空間，而且可以方便你放在袋子或外套的口袋裡，隨身攜帶。標準措施是特別重要的，如果：

- 有接觸血液或其他體液的危機時，例如當施行口對口的復甦術，或傷患有任何部位的出血。
- 你手上或臉上的皮膚有新傷口或疹子。
- 居住的國家或區域有高度的傳染性肝炎或人體免疫缺損病毒（Human Immunodeficiency Virus，HIV）盛行。

如果你必須在沒有外科手套可使用的情形下，給予維生技巧，那麼即使顯示不會發生體液的感染，事後也要用肥皂或清水，沖洗你的手與臉。假使你擔心在執行復甦術的過程中，有絲毫接觸到任何形式感染的可能，應請教你的醫生。

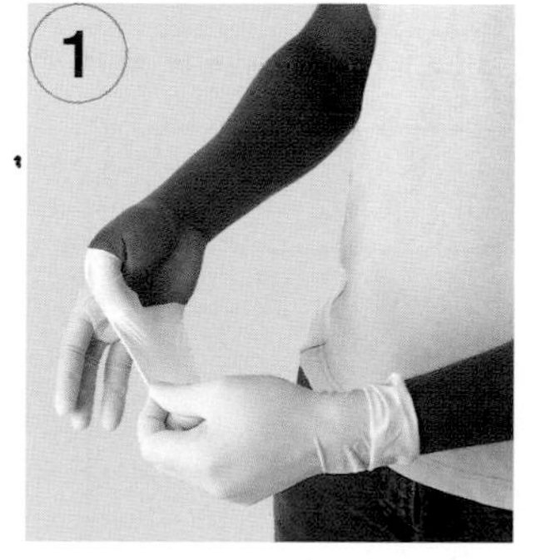

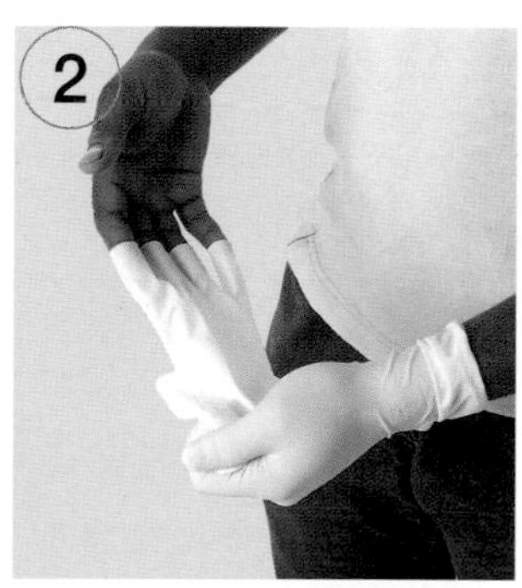

1.先脫除一隻手的手套，在你脫手套的時候讓它由裡朝外地翻轉。
2.確保手套用過之處都沒碰到你皮膚的任何一個部位。

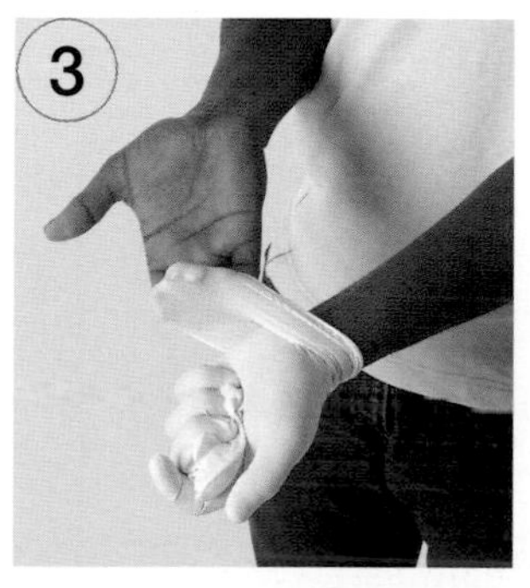

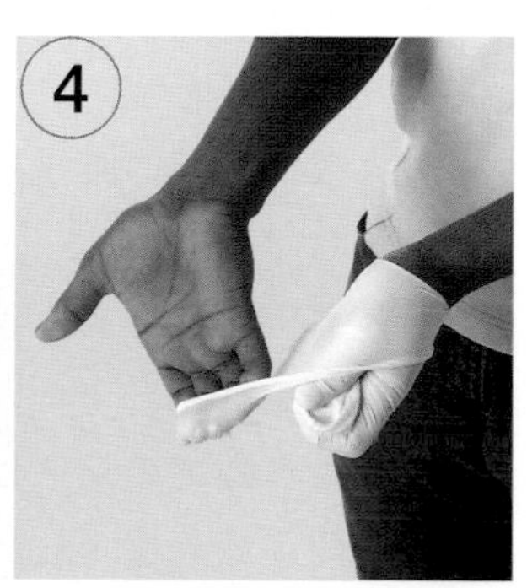

3.使用未脫除手套的手拿著使用過的手套，將已脫除手套的手指滑進第二隻手套的內側。
4.藉著由裡朝外地翻轉去移除第二隻手套，並且封住所有的感染表面。

急救箱 First-aid kits

你應該在家中與車上備有隨手可用的急救箱，以及在你參與健行或露營等戶外活動時，也應隨身攜帶。即使市面上有許多現成便利的急救箱，適合用於最基本的照顧及需要，但仍可考慮製作準備自己所需的急救箱，以符合家中每位成員的年齡與特殊需求。存放一份急救簡介或指引手冊在箱子中，並且確保所有的藥品都清楚標示了它們的用途與劑量，最好能不時地檢查保存期限，以確保你的庫存藥品尚未過期。在急救箱的蓋子內側貼上確切的緊急號碼，急救箱以及其內容物應放置在家中幼童觸及不到的安全處，才不致對孩童造成危險。

小叮嚀

- 將急救箱放置於固定的地方，使家中每個人都知道何處可以找到。
- 潮濕與蒸氣會加速藥品的變質，將急救箱儲藏在陰涼乾燥的地方，例如可上鎖的臥室櫥櫃。
- 定期檢查內容物，將已過期的物品替換掉。熟悉內容物並且確切地知道如何使用。
- 箔紙包裝的藥物比散裝的藥物保存時間較久。
- 運用隔間方式以保持藥片原始包裝的完整性。
- 大多數的藥品是以恰當的數量來發配用於治療，並且必須依照指示開藥。應丟棄殘餘的藥物或退還給你的藥師。
- 永不保存無法辨別的藥物。

一般的基本項目

- 拋棄式外科手套
- 用於復甦術之保護面罩
- 用以清潔傷口的殺菌液或單包裝式殺菌擦拭棒
- 通用的抗菌乳膏或軟膏
- 鈍頭式剪刀
- 棉花與棉籤型紗布／團
- 衛生紙
- 眼藥水／眼用食鹽水溶液與眼部洗滌
- 劑量湯匙或藥用滴管
- 溫度計或高感熱度貼片
- 鑷子與新別針或縫紉用的針（使用於挑出碎片）
- 石油膠或水狀乳膏
- 止癢用之抗組織胺乳膏或藥水

繃帶與包紮用敷料

- 不同形狀與大小的防水OK繃，包括蝴蝶式繃帶用於包裹傷口。
- 紗布繃帶（75公厘與100公厘）

- 數卷寬度為75公厘與100公厘的黏著性繃帶（防水布料）
- 消毒之包紮用紗布敷料或紗布墊
- 包裝好的燒傷包紮用敷料
- 使用於手指傷口的管狀繃帶
- 彈性繃帶或貼布
- 兩至三個三角繃帶
- 消毒之眼部包紮用敷料
- 安全別針或繃帶固定夾

家中存放之藥物

- 藥物的選擇將視你家中居住者而定，若你有幼兒，則存放成人及兒科藥物，並嚴密地給予符合建議指示的劑量。
- 阿斯匹靈（Aspirin）等藥片或膠囊
- 制酸藥片、液劑或粉末
- 止瀉藥片（不建議給孩童服用）
- 咳嗽糖漿與喉錠
- 抗過敏藥片或乳膏

可於車上存放之物品

- 大的乾淨塑膠袋或垃圾塑膠袋（緊急時用以舖於地板上）
- 免用水之手部清潔劑或濕巾
- 衛生紙或廁紙
- 舊毛巾、毛毯或太空毯
- 已取出電池或可插入車內香煙打火機的手電筒
- 可盛水的空容器（當開始長途旅行時，可攜帶新鮮的水），如果同時攜帶燃料，要確保容器標示清楚。

熟悉你的急救箱內容物並且知道如何使用

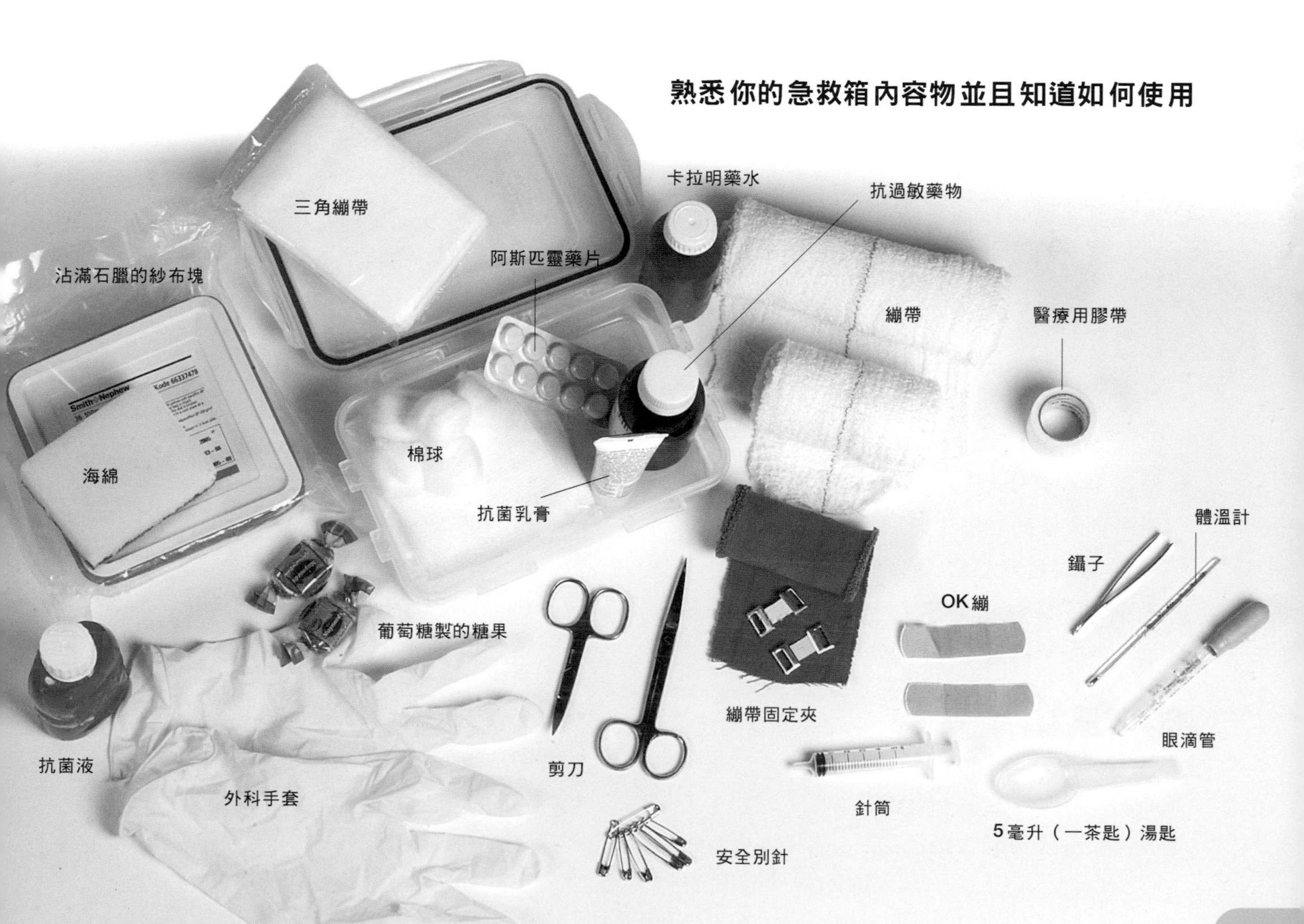

意外事故 Accidents

如果你是第一位身處在一個嚴重傷害意外現場的人，你必須能夠掌握以及指揮額外的幫手，直到合格之醫療支援抵達。為了有效地進行，你必須保持冷靜且把注意力集中在必須去做的事情上。

有效的治療愈早開始，愈能得到更好的結果。最糟的情況是當呼吸終止或心臟停止跳動，這些情形比其他的狀況更需要優先處理。若是你身處於一個涉及多重傷患的意外現場，無論其他的受傷情形看來有多嚴重，第一個必須注意沒有呼吸的狀況。由於時間有限，所以要保持專注並且按照這裡所給予的指示。（詳細的呼吸搶救步驟，可見於第22-37頁。）

你能協助做些什麼

- 決定救助優先順序。
- 儘快檢查傷患的**呼吸道**及**呼吸情況**（詳見第22頁）。如果不止一位傷患，全部都予以檢查，對於呼吸已停止或呼吸已減弱之傷患，趕緊維持呼吸道暢通。
- 將無意識但有呼吸的傷患協助採取**復甦姿勢**（詳見第25頁）。
- 檢查是否有任何無法控制的出血。請傷患或旁觀者來協助加壓傷口以控制出血。

嚴重的意外經常產生不止一種傷害。一旦呼吸與循環系統重新建立後，再檢查其他受傷部位，並先治療最嚴重的部分。

你還好嗎？

當某人靜止不動地躺在地上，並不一定是無意識的。緊握他的手，叫他的名字，或問：「你還好嗎？你聽得到我說話嗎？」如果傷患有所回應並且說話，那表示呼吸道是通暢的（呼吸與循環沒有問題）；如果他是昏睡的，協助他採取復甦姿勢（詳見第25頁），並且陪在他身邊，直到急救人員抵達。一位休克或是正在流血的傷患（詳見第38-39頁）可以覆蓋毛毯以保持體溫。

監測回應

傷患可能經由意識清楚發展成意識不清楚，他們的狀況不是漸漸改善就是衰退的相當快速。一個意識完全清楚的傷患能夠對問話有所回應，並且能夠持續談話。

任何不如以上所描述之情況都會是令人擔憂的事情。意識程度降低的主要症狀為：

- 傷患昏睡，或有喚醒上的困難。
- 明顯地失去方向感。
- 含糊的語言。
- 無法正確地回答你的問題（例如時間，地點，姓名等）。

注意事項

當一位傷患有呼吸與意識時，在等待醫療救援的同時可試著取得一些資訊。

- 詢問事件發生經過。這將會提供一些線索包含其他可能需要注意的傷害或情況（例如某人突然的虛脫，這有助於了解是否為既有疾病而引起的結果，比如：糖尿病）。目擊證人可補充細節。
- 詢問是否疼痛，首先檢查此部位，然後是其他身體部位。
- 利用你的眼睛去搜尋受傷的徵狀，例如：燒傷或腫脹，記錄下增加的脈搏與升高的體溫。
- 詢問傷患是否有任何藥物過敏或其他需要特殊治療的狀況。

移動傷患

一般來說，應在你發現傷患的地點進行復甦與急救，以便快速重建其生理功能（詳見第22-37頁），降低併發症帶來的危險。例如：休克與現存傷害的惡化。當你進行急救時，另一位負責人應打電話通知救護車或就近的醫生。

嚴重傷害

嚴重傷害的傷患為何只能由受過訓練且有裝備的醫療人員移動，主要為預防脊椎傷害的惡化。由於頸部與脊椎傷害在急救評估當中是很難被察覺的，而且容易因企圖移動傷患而使傷勢由輕微轉變為嚴重的。在以下情況都要假設傷患有脊椎傷害：

- 一個無意識的傷患。
- 有明顯頭部傷害的病史或症候。
- 高處跌落或落水後的傷害。
- 運動傷害（例如碰觸性運動或騎馬）。
- 傷患訴說頸部或背部疼痛。
- 傷患無法移動其手臂或腿部。

只有受過訓練的醫務輔助人員可以移動有深且出血的撕裂傷或下肢骨折的成人。20公斤（44磅）以下有膝部以下碎片性骨折的孩童，在小心謹慎的支持之下，可行短距離的搬運。

在你發現傷患的現場，如果留下病患會有明顯的危險，那麼無論他們的傷害是什麼，你都必須儘速移動他們至安全地區。例如你必須移動：

- 一個燒傷的受害者（詳見第52頁）。
- 一個幾乎溺斃的受害者（詳見第21頁）。
- 任何身處於附近地區含有毒瓦斯的人。

輕微傷害與病痛

在提供急救後，可將輕微受傷的成人與孩童安全地移往一個較舒適的地方。許多傷患即使下肢沒有受傷，在他們站起時仍有昏眩的症狀，這是可能是由於情緒性休克、疼痛以及少量失血。當他們踏出第一步時要陪伴在其身邊。

位於偏遠地區的傷害

無論是否移動在偏遠地區受傷的人（除了上述的例外），端視你距離援助或電話有多遠而定。除非你有能力、求救無門或能夠在不危害傷患之下背載他們，否則不建議移動傷患。兩個有能力的成人應該能夠用他們連接的手，短距離的搬運一位傷患。這對於下肢受傷而有意識的人，以及假定沒有脊椎傷害的傷者是有幫助的。

急救篇

為了能真正有所助益並且是有效地為病患提供救助，急救護理的程序必須遵循某些原則，而且能在特定的順序下被執行。而在個別的緊急醫療情況中，又包含了許多應該處理與禁止的事項，當中所有的原則與知識皆歸納於：編入認證之急救課程。這些足以應付任何緊急情況的知識，能夠在你面臨危急時刻，教導你應該如何處理以及保持冷靜。

如果手邊沒有可使用的工具，你更需要有足夠的認知，幫助你去評估周遭適合於臨時使用的物品。最佳的建議是：從基本學起，從而參加經認證的課程，然後最終有一天你便能挽救他人的性命。

第二章節

評估傷患 Assessing a casualty

由於人體受傷可涉及多個不同的問題，故可以合理的預料，身為第一位回應者的你所要協助的兩個傷患，將不會是完全相同，或需要施以相同類型的急救措施。

嬰兒尤其有病毒引起之感染以及異物哽塞之虞，然而較大的孩童可能有氣喘與嚴重傷害的傾向，此外老年人經常合併有慢性病的問題，任何一項都可能引起急性呼吸困難或循環衰竭。然而在未精確清楚知道引起傷患衰竭的原因之前，並不代表你無法提供有效的急救護理，經過系統性設計之急救護理與復甦的指引，反而是為了處理你實際上所遇到的任何急性危難，或無意識的傷患情況。要當一位有效的初步回應者的關鍵是，遵循本書章節中所建議的基本指引：SAFE（如下）以及ABC（詳見第22-23頁）。

"SAFE" 方法

當你正著手處理一位可能因任何原因導致衰竭的傷患，你都應該：

- 立刻呼救。不是你自己就是在當你要照料傷患時，派其他的人去尋求醫療協助或緊急服務。
- 對於你自身與聚集之傷患要保持警覺以確保安全。此項特別的要求，對於照料的傷患是起因於路面車禍、電力、火災、毒氣吸入或任何仍存在傷害危險的現場。

SAFE字母的縮寫以易記方式（如下）總括了正確的方法。

S	(Shout for help) **大聲呼救**：立即呼叫醫療援助協助或緊急服務。
A	(Approach with care) **小心靠近**：檢查四周同樣會對你自身造成威脅的危險物。
F	(Free from danger) **遠離危險**：即使我們建議盡可能不要移動傷患，但是這項警惕應該要權衡於現場任何明顯的危險，例如倘若一個孩童在繁忙的車陣中被撞倒了，在開始進行復甦前的你，應該在不影響傷勢的情況下，將他或她移到一個安全的地方。
E	(Evaluate the ABC) **評估ABC**：在執行了以上的預防措施後，你就能開始評估生理功能，如果有需要的話，應著手進行復甦術。

無意識的人

當某人靜止不動地躺在地上，並不一定表示他沒有意識。你可以藉由輕敲或是和緩的搖晃他們的肩膀以確定此人是否具有意識。如果你知道此人的名字也可以輕呼其名，以及詢問“你還好嗎？”或“你能聽到我說話嗎？”如果傷患有所反應並且能開口說話，則表示其呼吸道是通暢的，且呼吸循環良好。

在這樣的狀況下，陪在他或她的身邊並且等待緊急醫療人員的來到。如果傷患是極度昏睡的，請將他們小心地移成**復甦姿勢**（成人的部分詳見第25頁；孩童的部分詳見第29頁）。

一些失去意識的普遍原因是**頭部傷害**（詳見第59-61頁）、**抽搐**（詳見第44-45頁）、**中風**（詳見第80-81頁）、**腦膜炎**（詳見第46-47頁），以及缺乏充足的氧氣，這一般與**異物哽塞**（詳見第34-37頁）、**瀕臨溺斃**(見本頁方塊說明）或是**嚴重氣喘**（詳見第100頁）有關。

瀕臨溺斃

瀕臨溺斃的受害者可能失去意識，並且因為浸水而無法呼吸。孩童可能淹沒至水下數公分而溺斃，因為他們的身體頭重腳輕以及偏向上半身的重量，使得他們更容易不平衡。嬰兒可能在數秒中內溺斃。因此孩童處於靠近水邊的任何地方都需要經常予以監督，即使是洗澡也需要注意。如果你察覺到了瀕臨溺斃的發生：

- 立刻將此人從水中救起。
- 叫救護車。
- 如果傷患沒有呼吸或無意識，則開始施行**人工呼吸**（成人與8歲以上的孩童見第26頁；1-8歲的孩童見第30頁；0-12歲的嬰兒見第33頁）。
- 當他們正常呼吸時，應保持復甦姿勢方式躺臥。
- 尋求醫療協助對於所有瀕臨溺斃的事件而言是極為重要的。

該怎麼做：

- 如上述去檢查反應。如沒有反應則呼喊求救。
- 你要優先檢查**ABC**（詳見第22-23頁）。如果此人呼吸道被阻塞無法呼吸，你應該先**打開其呼吸道**，然後檢查他們的呼吸，同時如果需要的話，施予**人工呼吸**（成人見第26頁；孩童見第30頁；嬰兒見第33頁）。
- 如果傷患有呼吸並且出現**生命徵象**（例如肢體動作或咳嗽），可幫助他們採用復甦姿勢。
- 若此人已經停止呼吸並且沒有生命徵象，立即施行**胸腔按壓**（成人見第27頁；孩童見第31頁；嬰兒見第33頁）。

昏厥

暫時性的失去意識起因於往腦部的血流下降，這經常發生於當某人感到相當炎熱、進食量不足或是情緒低落，以及心跳突然減緩等一些原因。這可由檢查手腕部位的**脈搏**而確認（詳見第23頁）。

通常最需要也最好的急救包括了支持、安慰，以及在病患恢復意識時給予一杯香甜的茶；抬高傷患的腿部也能幫助往腦部的血流並加快他們的恢復。

發生意外

家中的意外狀況是相當普遍的，尤其是家中有幼小的孩童，一些小事故便會經常發生。本書中描述多種可靠的預防措施，能使你的居家環境更有利於孩童。（見第130-132頁）

復甦步驟 Procedures for resuscitation

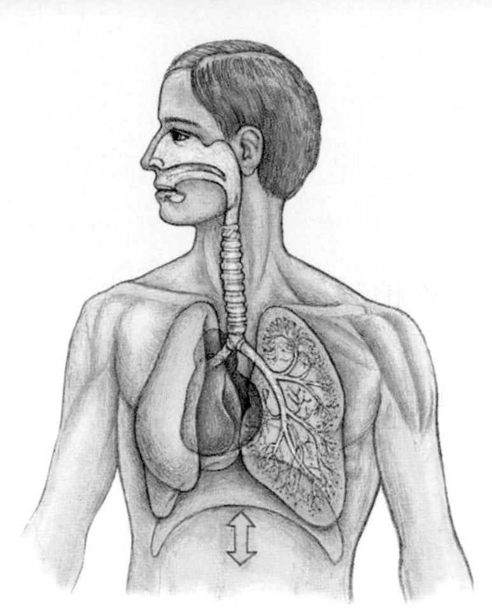
呼吸道、肺與橫隔膜共同合作以調控呼吸。

正常的呼吸與血液循環能確保身體所有部位得到足夠的氧氣供應，急性疾病或受傷都可能使得患者的上述之重要功能衰退減弱。腦部尤其敏感，倘若失去氧氣超過4分鐘以上，將會遭受到永久性的傷害。心肺復甦術、人工呼吸以及胸腔按壓是一套實際的技能，使得你能夠：

- 確保傷患得以呼吸，並且評估有急性疾病或受傷的人，其呼吸與循環的正常（見本頁下方的ABC檢查法）。
- 為無法自行呼吸的傷患提供氧氣。
- 為心臟無法有效跳動的傷患建立人工心跳。

本章節所描述的技能並不足以將你變成一個專門的急救護理提供者，然而它們能協助你做好在獲得專業機構所提供之適當實用性課程前的準備。

ABC檢查法

Airway－打開呼吸道；Breathing－檢查呼吸；Circulation－檢查循環徵象

檢查呼吸道

一個無意識的人可能因為呼吸道的阻塞而無法呼吸，阻塞原因有：

- 由於頭頸部不正常姿勢造成的扭曲。
- 舌頭往後掉入喉嚨。
- 錯位（掉入喉嚨）的假牙。
- 食物、血液、濃痰或其他外來物。

抬起傷患的下巴以打開呼吸道，得以讓空氣自未受阻塞的通道流入，自肺部流出。

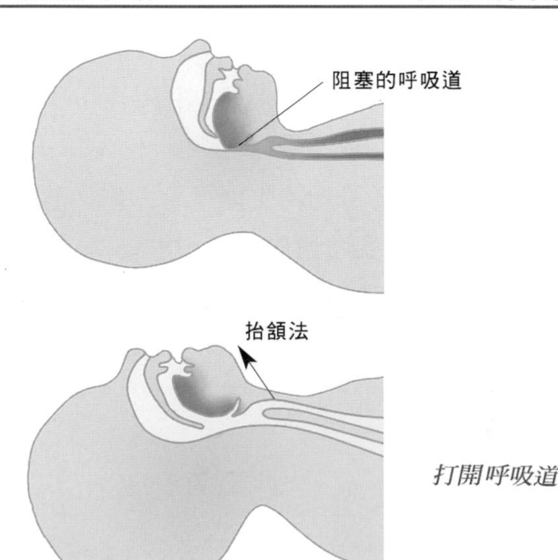

打開呼吸道

循環

如果傷患是有意識的，代表他或她能夠說話並對你有所回應，或者至少能自行呼吸，那表示循環是正常的。如果傷患對你沒有回應而且顯現出無意識，你必須立即確認**生命徵象**：

- 輕拍或輕柔地搖晃其肩膀，看否有所回應。
- 呼叫其姓名，如果你知道的話，詢問“你聽得到我說話嗎？”，或是“張開你的眼睛”。
- 找尋可見的胸部起伏（表示此人正在呼吸）。
- 找尋有所動作的徵兆。

利用食指與中指的指腹，去感覺脈搏以確認循環（不要使用你的大拇指，因為它本身具有的脈動可能因此誤導你）。用手錶或時鐘紀錄每分鐘心跳次數、強度（脈搏是強或弱的？），還有節律（是否規律）。

- 手腕內側約位於大拇指基部可測到**撓動脈**，使用兩至三指輕輕地加壓。
- 位於喉嚨側面的氣管與大塊頸部肌肉之間可測到**頸動脈**。
- 上手臂內側，剛好位於手肘下方可測到**臂動脈**（適用於嬰兒與幼小的孩童，見第31頁）。

一位正常成人的脈搏介於每分鐘60至80下（若是強健的年輕人則可能稍微低一些）；一個幼小孩童的脈搏每分鐘可超過140下。

如果心臟已停止跳動（心搏停止），你必須立即運用**有節律的胸部按壓**以恢復循環（成人見第27頁，孩童見第31頁；嬰兒見第33頁）。

恢復呼吸

可利用壓額抬頜法，恢復舌頭與呼吸道的正常位置（成人見第24-27頁；孩童見第28-31頁；嬰兒見第32-33頁）。一旦呼吸道通暢後：

- 檢查你所能看到的口中異物並將其移除，不需移除位置正確的假牙。
- 為免傷及病患，勿在口與喉內的四周盲目摳刮。
- 當你已打開呼吸道，傷患有可能開始自行呼吸。如果沒有，你必須給予**兩次有效的人工呼吸**（成人見第26頁；幼小孩童見第30頁；嬰兒見第33頁）。你可藉由觀察傷患每次胸部的起伏來分辨給予之人工呼吸是否有效。

疑似頸部受傷而沒有意識

如果無意識的傷患可能是頸部受傷，你必須用下頷推擠法恢復其呼吸道。這樣做：

- 跪在傷患頭部後方。
- 保持頭、頸與脊椎一直線，將你的手放在臉部兩邊以支持頭部。你的指尖應碰觸患者下顎的邊緣；大拇指置於臉頰。
- 在不使頭部傾斜的狀況下，用你的手指輕柔地將下巴向前抬起以暢通呼吸道。
- 用10秒鐘去傾聽並且找尋有無呼吸。
- 若傷患開始呼吸，維持頭部的支持及定時檢查呼吸與循環，直到救援到達。如果沒有呼吸，則開始施行**人工呼吸**（成人見第26頁；孩童見第30頁；嬰兒見第33頁）。

成人與孩童（大於8歲）的復甦術

評估：你可能會遇到三種主要的狀況。你首先必須去評估傷患是屬於哪一種類（按照一般常同時出現的狀況分成三大種類，以便於做基本評估）。由下列敘述分類：

1 沒有意識
有呼吸
有生命及循環徵象

2 沒有意識
沒有呼吸
有生命及循環徵象

3 沒有意識
沒有呼吸
無生命及循環徵象

情況	成年人與超過8歲的孩童
沒有意識 有呼吸（詳見本頁下方）	安置於**復甦姿勢**（詳見第25頁）， 叫救護車。確保呼吸道維持通暢並且持續正常的呼吸。
沒有意識 沒有呼吸 有生命及循環徵象 （詳見第26頁）	叫救護車。**打開呼吸道**（壓額抬頷法；詳見第26頁）， 用10秒鐘去傾聽並且找尋有無呼吸，給予**2次有效的人工呼吸**。 檢查**循環**（詳見第23頁）－如有必要則參照狀況3（詳見第27頁）。 仍然無呼吸：持續以每分鐘10次的速度給予人工呼吸；每分鐘檢查循環。
沒有意識 沒有呼吸 無生命及循環徵象 （詳見第27頁）	無循環：用雙手執行**15下胸部按壓**， 持續每15下胸部按壓給予**2次人工呼吸的週期循環**， 持續進行直到呼吸恢復或救援到達。 若呼吸恢復，則安置為復甦姿勢，並小心地監測。

狀況 1 **沒有意識　有呼吸　有生命及循環徵象**

該怎麼做：
- 安置為**復甦姿勢**（見隔壁頁）
- 叫救護車
- 確保呼吸道維持通暢並且持續正常的呼吸

無意識的成人（復甦姿勢）

一位可自行呼吸且有正常循環的無意識傷患，應該將其安置為復甦姿勢。你需將傷患安置為側臥以預防舌頭向後滑入喉嚨，如此可減低嘔吐物吸入肺部的危險，並能讓你在等待救援時監測他們的呼吸與循環。如果發生疑似**頸部或脊椎傷害**時的處理請見第23頁。

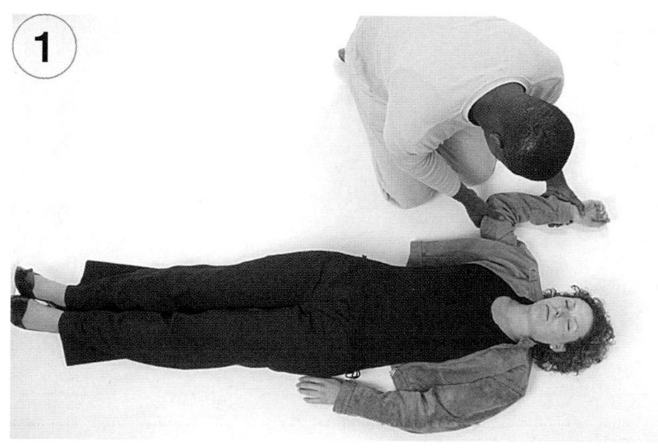

將傷患靠近你的那隻手臂自手肘處彎曲（正負九十度），手掌向上並打開。

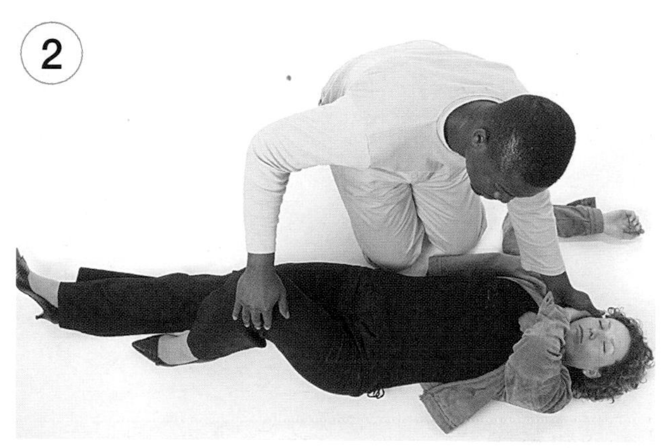

將傷患另一側的手掌倚靠著臉頰塞入，同時將同一邊的膝蓋向上拉起。

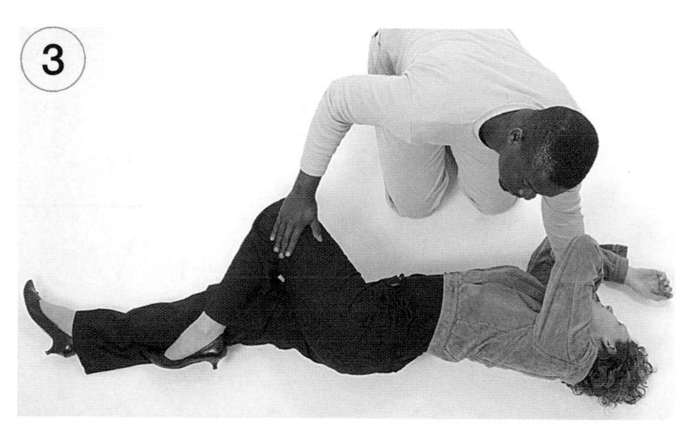

維持手部的位置不變，拉住他的大腿部位，使傷患以面向你的方向轉為側臥。

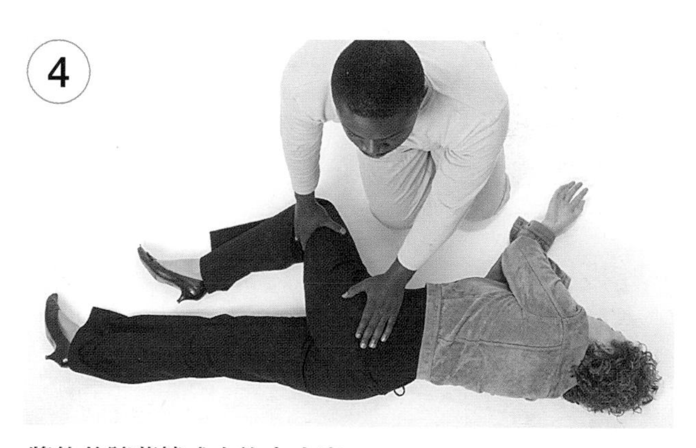

將他的膝蓋轉成大約九十度。

當姿勢已經完成，定時檢查呼吸與循環直到救援到達。在傷患身上蓋上一件毛毯或外套。

狀況 2　沒有意識　沒有呼吸　有生命及循環徵象

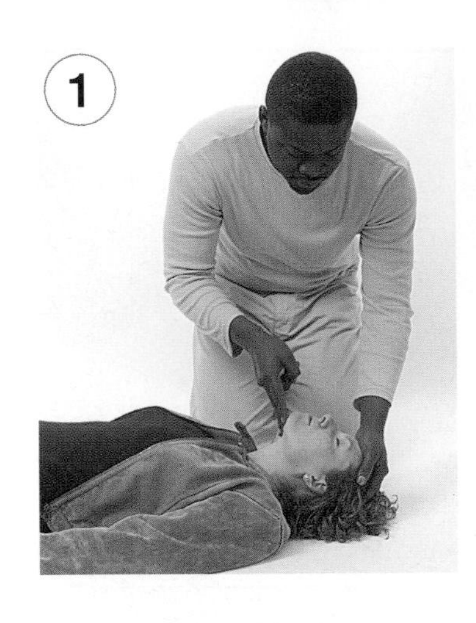

1 *用左手支撐傷患的頭部，然後用右手的手指使其下巴向上傾斜以打開呼吸道。*

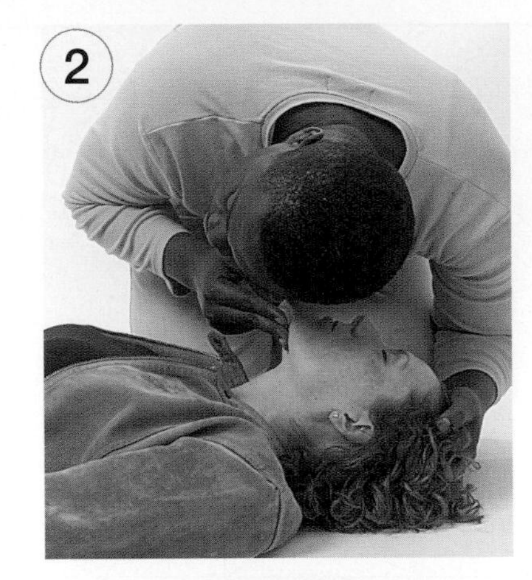

2 *用十秒鐘去傾聽呼吸的徵兆；觀察胸部的起伏活動。*

該怎麼做：

※ 叫救護車。

※ **打開呼吸道**（見步驟1）。

※ 傾聽並且找尋有無**呼吸的徵兆**（見步驟2）。
如果十秒鐘後仍沒有徵兆：

- 打開傷患的口部，捏住鼻翼並給予**2次有效的人工呼吸**（見步驟3、4），然後**檢查循環**。
- 持續以每分鐘10次的速度給予人工呼吸，並且每分鐘檢查一次循環。
- 當傷患開始自行呼吸，將其安置為**復甦姿勢**。
- 如果只有你獨自一人，則給予2次有效的人工呼吸後叫救護車。

3 *保持下巴抬起，然後捏住鼻翼。*

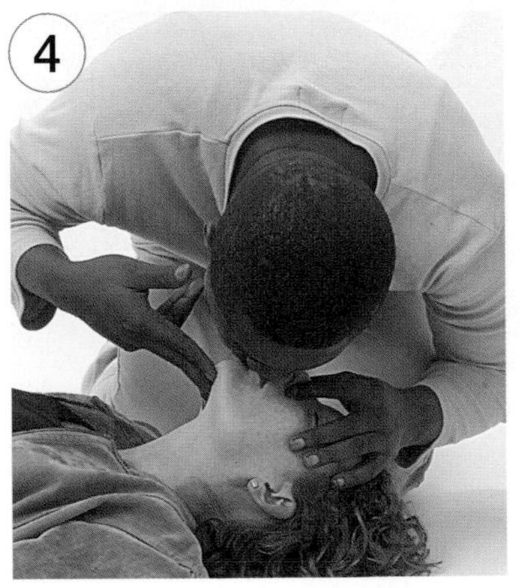

4 *用自己的口部蓋住傷患的口部。維持呼吸道通暢，緩慢而穩定地呼氣，給予2次有效的人工呼吸。*

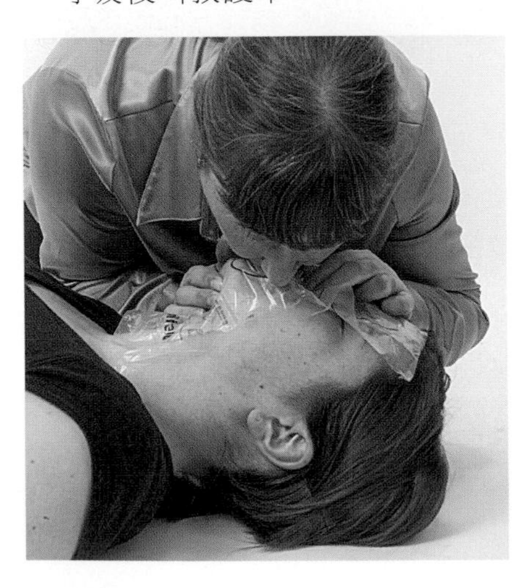

為預防感染並且以衛生為由，可使用塑膠面罩。在口部有過濾開口的面罩應覆蓋在傷患臉部正上方。

狀況 3 沒有意識　沒有呼吸　無生命及循環徵象

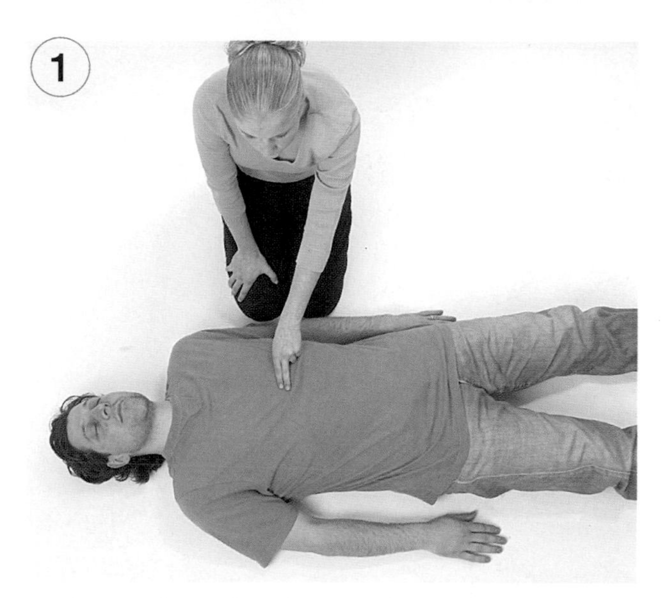

用兩隻左手的指頭找出傷患肋骨連接的凹陷切跡。

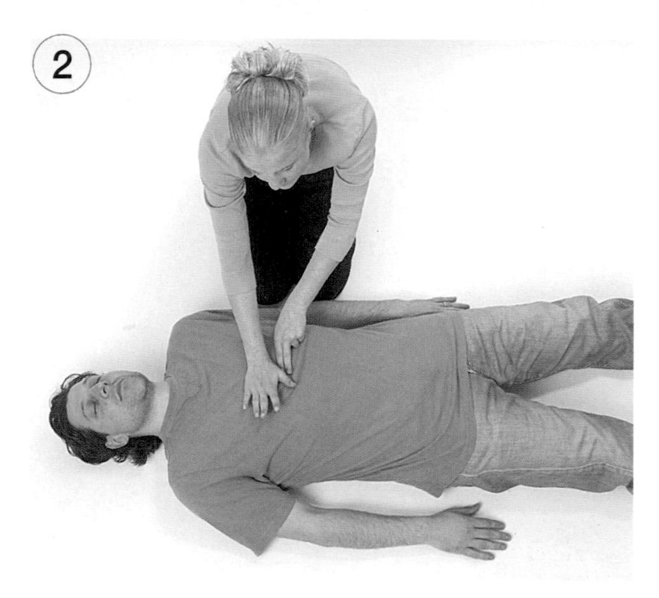

將你的右手掌放在切跡上。

該怎麼做：

- 叫救護車。
- 打開呼吸道，給予**2次有效的人工呼吸**（見左頁之步驟3、4）。
- 照步驟指示將手放在適當的位置（見右圖），然後**用雙手執行15次胸部按壓**：你的手臂保持筆直，傾身於傷患正上方，以每分鐘約100下的速度予以按壓，並且用身體的重量向其胸骨按壓約4公分（1又1/2英吋）的深度。在每15次的按壓之間給予2次有效的人工呼吸。
- 持續**每15次胸部按壓給予2次有效的人工呼吸之週期**，直到呼吸恢復或醫療救援抵達。
- 若傷患開始自行呼吸則將他安置為**復甦姿勢**。
- 如果你是獨自一人，先執行每15次胸部按壓給予2次人工呼吸的週期約一分鐘，然後立即叫救護車。

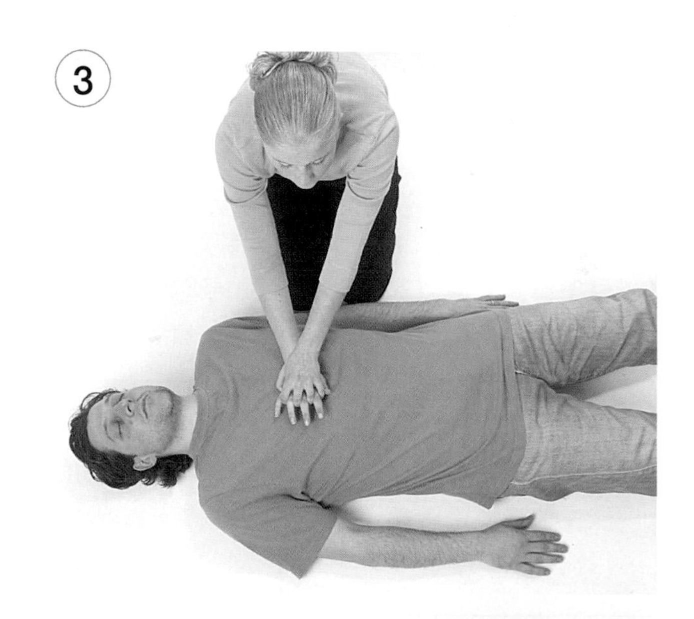

將左手掌根放在右手正上方使手指可以交扣（見上圖與右圖）。保持筆直的手臂執行胸部按壓。

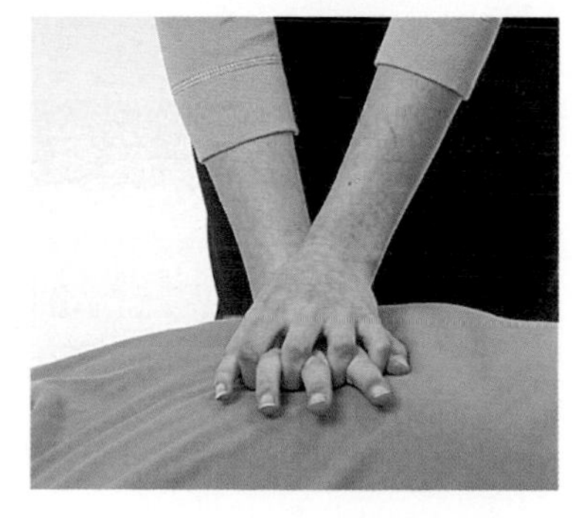

孩童復甦術（1-8歲）

評估：你可能會遇到三種主要的狀況。你首先必須去評估傷患是屬於哪一種類（按照一般常同時出現的狀況分成三大種類，以便於做基本評估）。由下列敘述分類：

1
沒有意識
有呼吸
有生命及循環徵象

2
沒有意識
沒有呼吸
有生命及循環徵象

3
沒有意識
沒有呼吸
無生命及循環徵象

情況	1-8歲的孩童
沒有意識 **有呼吸（詳見本頁下方）**	安置於**復甦姿勢**（見右頁）， 叫救護車。確保呼吸道維持通暢並且持續正常的呼吸。
沒有意識 **沒有呼吸** **有生命及循環徵象** **（詳見第30頁）**	叫救護車。**打開呼吸道**（下巴抬高與頭部傾斜－見第30頁）， 用10秒鐘去傾聽並且找尋有無呼吸。 給予**2次有效的人工呼吸，** 檢查**循環**（見第23頁與第31頁）－如有必要則參照狀況3（見第31頁）。
沒有意識 **沒有呼吸** **無生命及循環徵象** **（詳見第31頁）**	無循環：用**單手執行5下胸部按壓，** 持續**每5下胸部按壓給予1次人工呼吸**的週期， 持續進行直到呼吸恢復或救援到達。 若呼吸恢復，則安置為復甦姿勢，並小心地監測。

狀況 1 沒有意識 有呼吸 有生命及循環徵象

該怎麼做：
- 安置為**復甦姿勢**（見隔壁頁）
- 叫救護車
- 確保呼吸道維持通暢並且持續正常的呼吸

無意識的孩童（復甦姿勢）

一位可自行呼吸且有正常循環的無意識傷患，應該將其安置為復甦姿勢。你需將孩童移至側臥以預防舌頭向後滑入咽喉，減低嘔吐物吸入肺部的危險，並能讓你在等待救援時監測他們的呼吸與循環。如果發生疑似**頸部或脊椎傷害**時的處理請見第23頁。

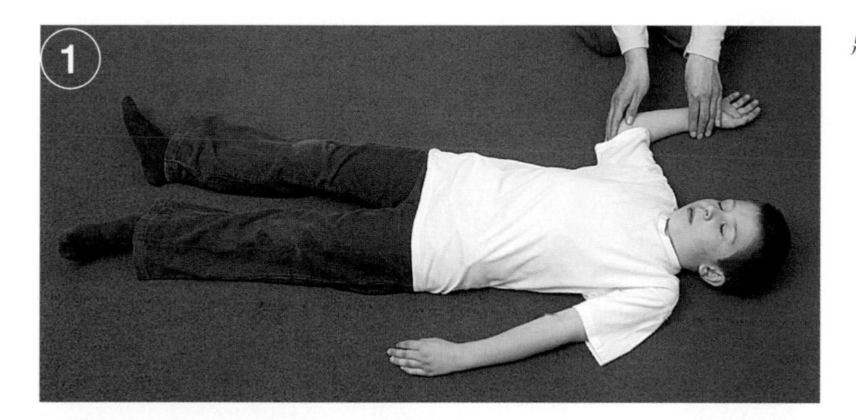

將孩童的右手臂彎曲至頭部旁約九十度。

將右手擺放如圖示，然後把左手越過胸部帶往你的方向，手心向外並且把手背靠著臉頰擺放，左腿膝蓋彎曲如圖示。

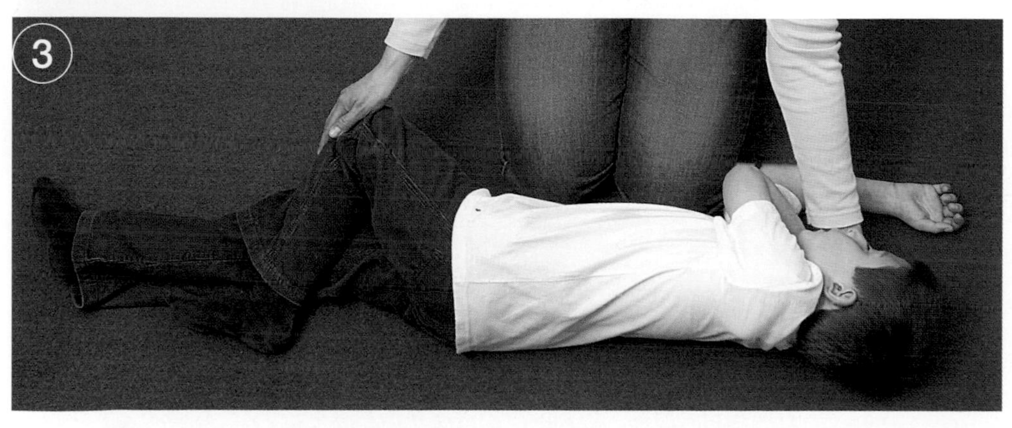

現在你可用一隻手穩固頭部以保護頸部，另一隻手用來彎曲膝蓋，輕柔轉動其身軀，將孩童移為復甦姿勢。確保呼吸道保持通暢，且傷患持續正常的呼吸。

狀況 2 沒有意識　沒有呼吸　有生命及循環徵象

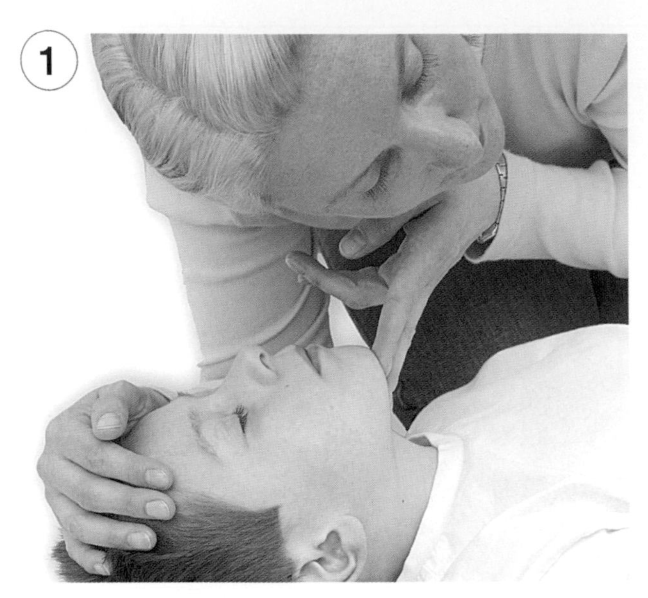

輕柔地用單手的兩指抬起下巴，同時用另一隻手穩定地托住頭部。用十秒鐘去傾聽與感受呼吸的徵兆。

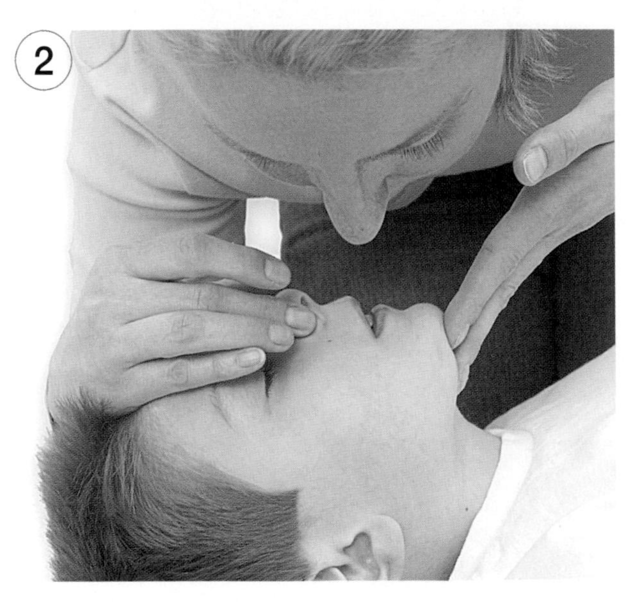

保持下巴抬起的姿勢，然後用你的另一隻手輕輕捏住鼻翼並吸氣。

該怎麼做：

- 叫救護車。
- 利用抬高下巴使頭部傾斜，並**打開呼吸道**（見步驟1）。
- 用十秒鐘傾聽並且找尋有無**呼吸的徵兆**。
- 如果沒呼吸徵兆，則打開傷患的口部，捏住其鼻翼並給予**2次有效的人工呼吸**（見步驟3）。
- 檢查**循環**。
- 持續以每3秒1次的速度給予人工呼吸（每分鐘20次），直到孩童開始自行呼吸或救援到達。每分鐘應檢查一次**循環**。
- 傷患開始正常地呼吸，將其安置為**復甦姿勢**。
- 如果只有你獨自一人，則給予2次有效的人工呼吸後立即叫救護車。

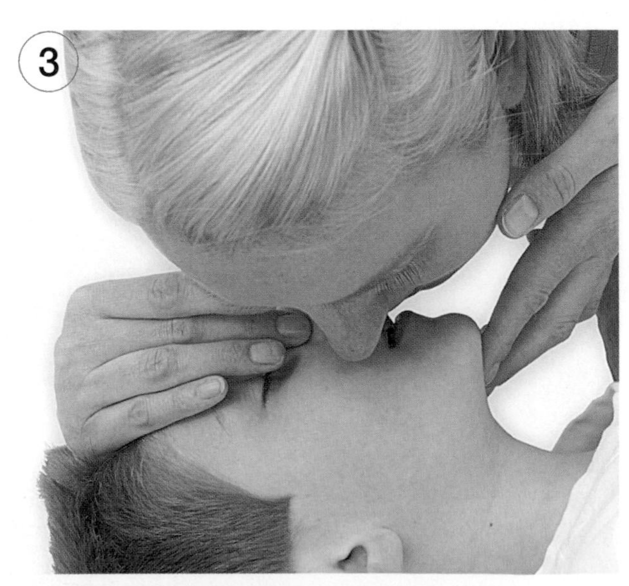

打開傷患的口部，用你的口部蓋住其口部後，給予2次有效的人工呼吸。

狀況 3 沒有意識 沒有呼吸 無生命及循環徵象

該怎麼做：

- 叫救護車。
- 打開呼吸道（見左方，步驟1），然後嘗試給予5回**2次有效人工呼吸**（見隔壁頁之步驟3）。
- 按照圖示（本頁下方）將手放在胸骨的一半較低處，然後用**單手掌根做5下按壓**。你的手臂保持筆直，傾身於孩童正上方，然後向其胸部按壓。保持你的手指翹起，以每分鐘約100下的速度進行按壓。
- 持續在**每5次按壓之間給予1次有效的人工呼吸**，直到呼吸恢復或醫療救援到達。
- 若傷患開始自行呼吸，則安置其為**復甦姿勢**。
- 如果你是獨自一人：執行每5次胸部按壓給予1次人工呼吸的週期一分鐘，然後叫救護車。

幼小的孩童與嬰兒可從臂動脈感受到脈搏。使用你敏感的指腹去感覺它。一個孩童的脈搏大約每分鐘140下，這速度比成人高出許多。

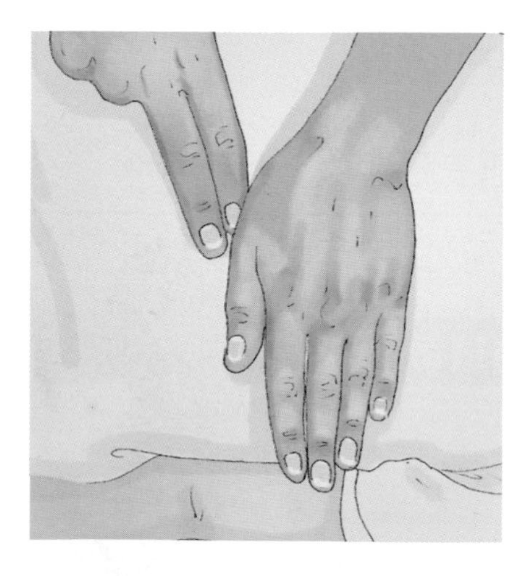

用兩隻手指定位出胸骨，接著將另一隻手的掌根放在胸骨的一半較低處。

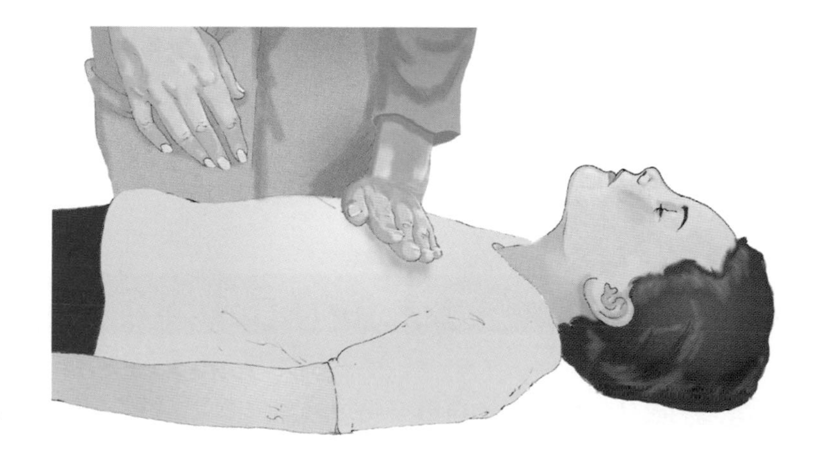

用單手掌根以快速的動作，約每分鐘100下的按壓速度，向孩童的胸骨按壓約3公分（1英吋）之深度。每5次胸部加壓給予1次人工呼吸交替進行，直到孩童開始持之以恆地自行呼吸，或救援到達。

嬰兒復甦術（0-12個月）

評估：你可能會遇到三種主要的狀況。你首先必須去評估傷患是屬於哪一種類（按照一般常同時出現的狀況分成三大種類，以便於做基本評估）。由下列敘述分類：

1 沒有意識
有呼吸
有生命及循環徵象

2 沒有意識
沒有呼吸
有生命及循環徵象

3 沒有意識
沒有呼吸
無生命及循環徵象

情況	0-12個月大的嬰兒
沒有意識 **有呼吸（詳見本頁下方）**	安置於**復甦姿勢**（詳見第25頁）， 叫救護車。確保呼吸道維持通暢並且持續正常的呼吸。
沒有意識 **沒有呼吸** **有生命及循環徵象** **（詳見第33頁）**	叫救護車。**打開呼吸道**（下巴抬高讓頭部傾斜－見隔壁頁）， 用10秒鐘去傾聽並且找尋有無呼吸的徵兆，給予**2次有效的人工呼吸**。 檢查**循環**（見第23頁與第31頁）。 如有必要則參照狀況3（見第隔壁頁）。
沒有意識 **沒有呼吸** **無生命及循環徵象** **（詳見第33頁）**	如果沒有循環則**僅用兩隻手指執行5下胸部按壓**， 持續**每5下胸部加壓給予1次人工呼吸的週期**， 直到呼吸恢復或救援到達。 若正常的呼吸恢復，則安置為復甦姿勢（見本頁下方），並小心地監測。

狀況 1 沒有意識　有呼吸　有生命及循環徵象

該怎麼做：
- 安置為**復甦姿勢**（見隔壁頁）
- 叫救護車
- 確保呼吸道維持通暢並且持續正常的呼吸

將嬰兒環抱在你的臂彎中，以一隻手支撐他的頭部，並且將其稍微放低於身體的其他部位，同時用另一隻手來支持嬰兒的背部。

狀況 2 沒有意識 沒有呼吸 有生命及循環徵象

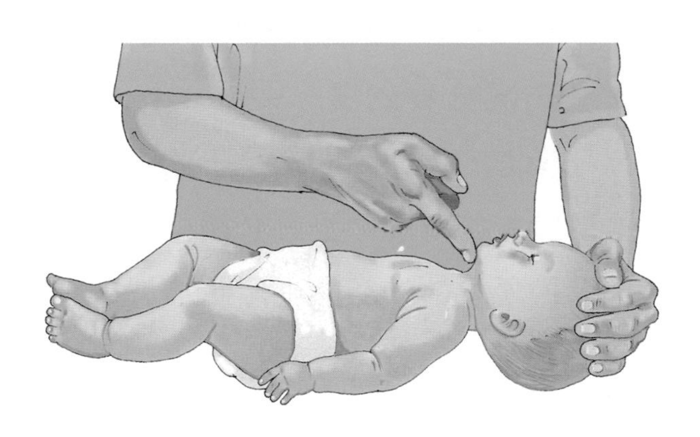

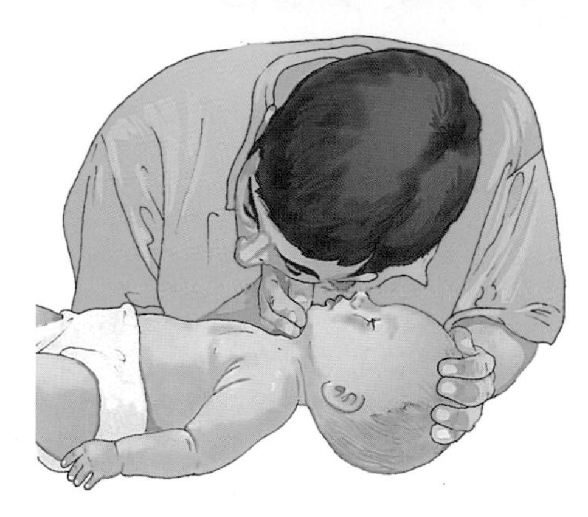

用左手穩固嬰兒的頭部，然後用右手食指輕柔地抬高他的下巴，用十秒鐘去傾聽呼吸聲。

該怎麼做：

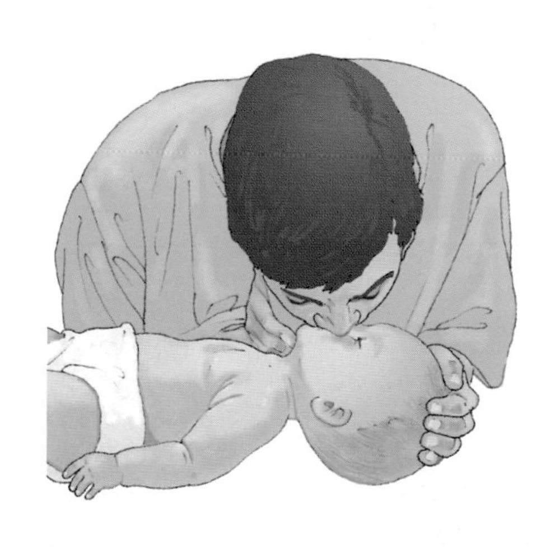

- 叫救護車。
- 打開呼吸道；給予**2次有效的人工呼吸**（見右圖）；檢查**循環**。
- 以每3秒1次的速度給予人工呼吸（每分鐘20次），直到嬰兒開始呼吸或救援到達。每分鐘檢查循環。
- 如果只有你獨自一人，則給予2次有效的人工呼吸後叫救護車。
- 嬰兒開始自行呼吸，以復甦姿勢抱著他（見左頁）。

狀況 3 沒有意識 沒有呼吸 無生命及循環徵象

該怎麼做：

- 叫救護車。
- 打開呼吸道，進行**2次有效的人工呼吸**。
- **用兩隻手指頭施行5次按壓**（以每分鐘100下的速度）至深度2公分（3/4英吋）處。
- **每5次按壓給予1次有效的人工呼吸**，直到呼吸恢復或醫療救援到達。
- 如果你是獨自一人，則執行每5次胸部按壓給予1次人工呼吸的週期一分鐘，然後抱嬰兒去叫救護車。

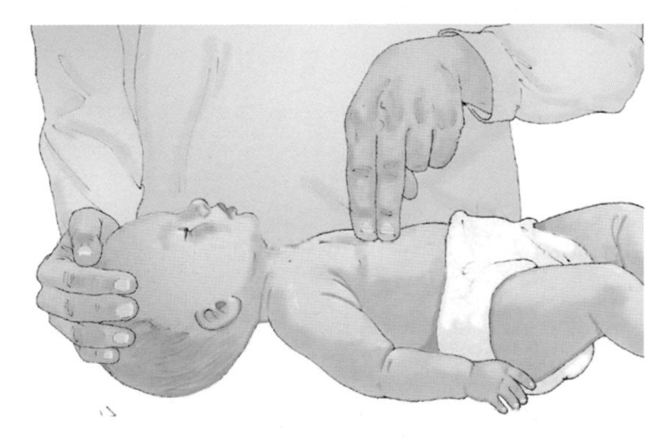

將食指與中指的指尖放在胸骨處，一隻指頭在兩乳頭的假想連線下方。

異物哽塞 Choking

異物哽塞是因為上呼吸道阻塞所導致的，通常是由於食物的填塞。在一些案例中，一陣咳嗽便足以讓異物排出呼吸道，然而，即使是小物體也可能緊緊卡在嬰兒或幼小孩童的狹窄呼吸道裡面，對於這樣的情況你也許必須使用這裡所描述的技巧去暢通呼吸道。上呼吸道也可能因為過敏所引起的組織腫脹，或嚴重的感染而被阻塞（詳見第101頁），在如此的情況下，是需要去處理根本原因。這裡所描述的技巧，是藉由一股肺內強力高壓的波動，以幫助傷患自呼吸道排出異物，而非人為的咳嗽。如果你懷疑一位無意識的傷患處於異物哽塞的情形，首先應進行ABC檢查法（見第22-23頁，而若你無法給予有效的人工呼吸，則應運用這裡所敘述之技巧。

狀況	成人與超過8歲的孩童
疑似異物哽塞	給予5次背部拍擊－檢查口部並移除任何阻塞物； 給予5次腹部推擠－檢查口部並移除任何阻塞物； 執行3個週期的背部拍擊與腹部推擠。 如果有呼吸：**打開呼吸道**並移除可見之異物（詳見第22頁）， 安置為**復甦姿勢**（詳見第25頁）如果沒有呼吸，著手進行**復甦步驟**（詳見第22-27頁）。

《症狀》

當某人無意識或使勁掙扎著要呼吸，你應該立即想到是因為異物哽塞而引起：

- 一個健康的成人或孩童突然不斷咳嗽，然後使勁掙扎著要呼吸。
- 你在傷患的附近發現其他的異物，如花生米或小的玩具零件。
- 一個正咳嗽或掙扎著呼吸的傷患，可能指著他的頸部以表示有東西卡在喉嚨裡。
- 儘管已使頭部傾斜且下巴抬高，但是復甦術仍然無效。

引起呼吸道阻塞的常見原因

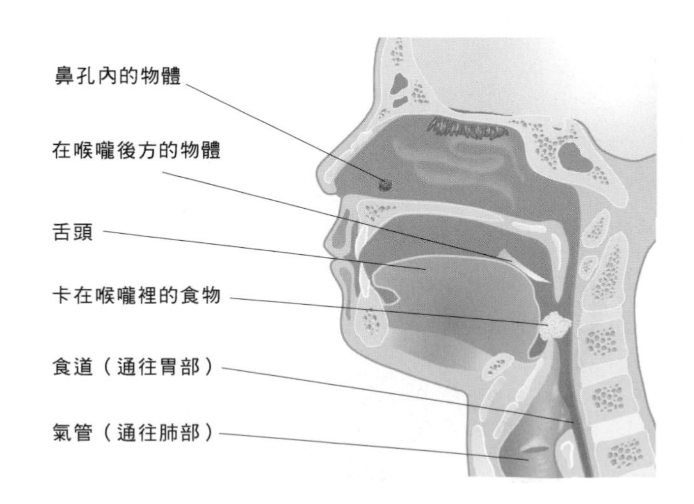

成人與較年長的孩童（超過8歲）異物哽塞急救法

對看來似乎發生異物哽塞，以及無法呼吸或自己咳出異物的成人或較大的孩童，運用背部拍擊合併腹部快速按壓法（腹部猛推法，亦稱哈姆立克法）。施行三個週期的完整程序後，**如果沒有任何改善就應叫救護車**。按照步驟做5次嘗試後給予2次有效的人工呼吸，如果仍然不成功則開始復甦步驟。（詳見第22-27頁）

背部拍擊　該怎麼做：

- 用掌根在肩胛骨間給予5下有力的背部拍擊。
- 小心地檢查傷患口內明顯的阻塞物，不要盲目地探查。
- 移除阻塞物。
- 如果此法無效，那麼就執行腹部快速按壓法。

腹部快速按壓法　該怎麼做：

如果背部拍擊無法移動阻塞物，則執行5次腹部快速按壓法。這個方法可施行於站著的人、坐在你腿上的人，或是受到異物哽塞失去意識平躺在地上的傷患。如果在一連串的過程當中，傷患開始呼吸，檢查口部並清除任何可見之異物。

- 將手握拳放在肚臍與胸骨之間，然後用另一隻手握住握拳的手。
- 用雙手朝患者胸部向內並且向上按壓五次。
- 如果施行三個週期的背部拍擊與腹部推擠後仍然無法緩解，應立即叫救護車。

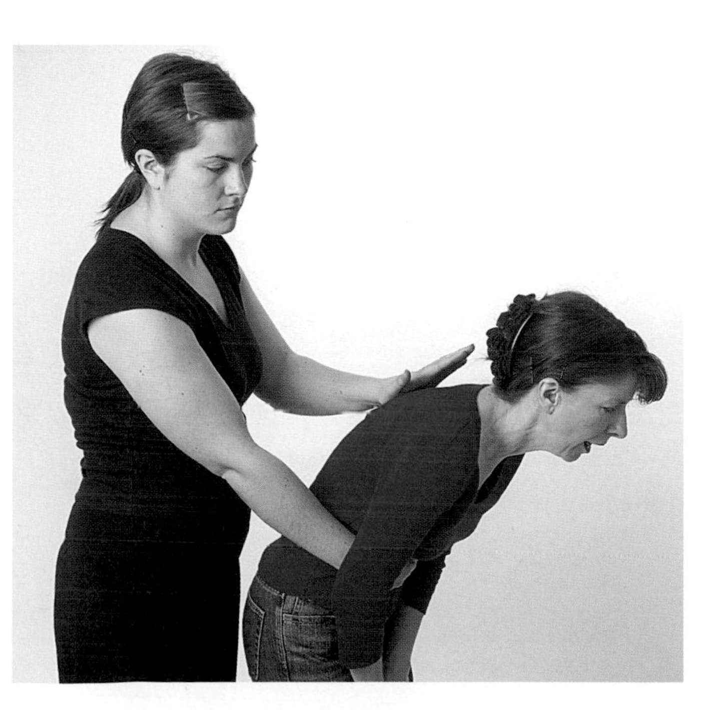

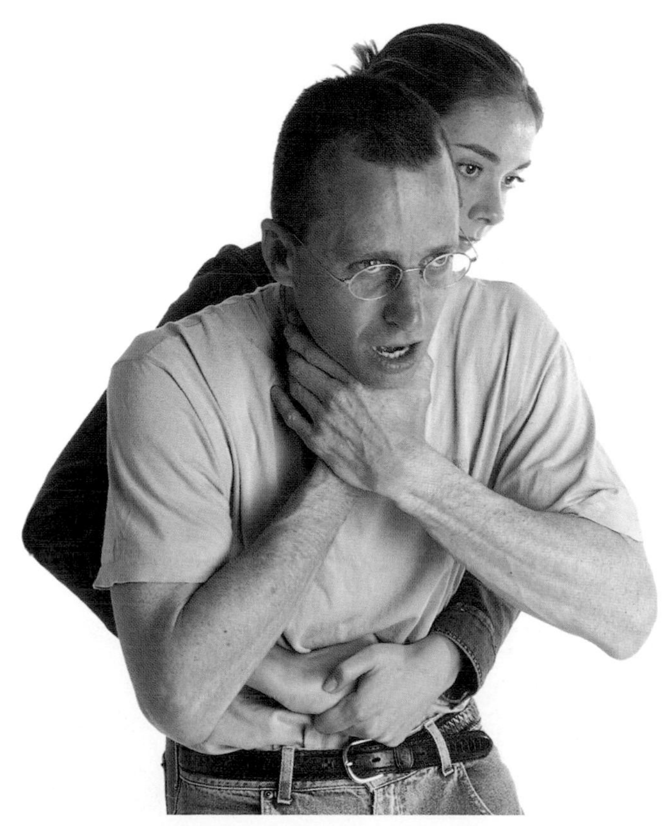

孩童異物哽塞急救法（1-8歲）

狀況	1-8歲的孩童童
疑似異物哽塞	給予5次背部拍擊－檢查口部並移除任何阻塞物； 給予5次胸部推擠－檢查口部並移除任何阻塞物； 給予5次腹部推擠－檢查口部並移除任何阻塞物； 執行3個週期的背部拍擊、胸部與腹部推擠。 如果有呼吸：**打開呼吸道**並移除可見之異物（詳見第28頁）， 安置為**復甦姿勢**（詳見第29頁），如果沒有呼吸，著手進行**復甦程序**（詳見第30頁）。

對出現異物哽塞徵兆，以及無法呼吸或自己咳出異物的幼小孩童，合併運用背部拍擊、胸部推擠與腹部推擠。施行三個週期的完整程序之後，**如果沒有任何改善就叫救護車**。按照步驟做5次嘗試後給予2次有效的人工呼吸，如果仍然不成功則開始復甦步驟（詳見第28-31頁）。你可站著、坐著或跪著來進行這些步驟。

背部拍擊　該怎麼做：

- 讓孩童臉部朝下趴在你的大腿上，而你坐著或跪著來執行背部拍擊。
- 用你的手掌在肩胛骨之間給予五次背部拍擊。
- 仔細而非盲目地檢查口部任何明顯的阻塞物，例如食物顆粒，並且將其移除。
- 如果無法解除，那麼執行5次胸部按壓法。

胸部快速按壓法

如果背部拍擊無法解除阻塞物，則執行5次胸部按壓法。

- 用一隻手握住另一隻握拳的手，放在沿著胸骨較低的部位，並向內按壓5次。
- 檢查口內的阻塞物並移除之。

腹部快速按壓法

如果胸部推擠無法移動阻塞物，則執行5次腹部按壓法。

- 將一手的拳頭放在腹部，用空出的手掌握住握拳的那隻手，然後向內且向上推擠5次。
- 如果傷患開始呼吸，檢查口部並清除異物。
- 如果執行了3個週期的背部拍擊、胸腹部快速按壓法後仍無法緩解，則叫救護車。

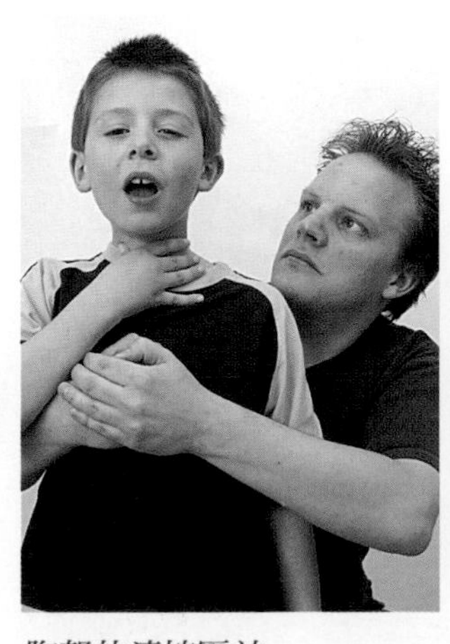

胸部快速按壓法

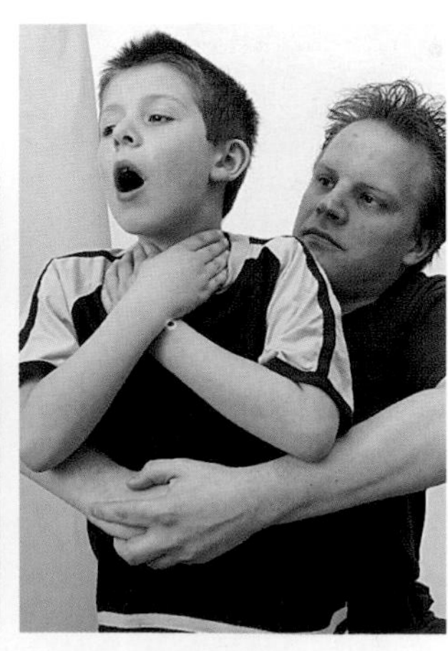

腹部快速按壓法

嬰兒異物哽塞急救法（0-12個月）

狀況	**0-12個月大的嬰兒**
疑似異物哽塞	給予5次背部拍擊－檢查口部並移除任何阻塞物； 給予5次胸部推擠－檢查口部並移除任何阻塞物； 執行3個週期的背部拍擊與胸部推擠。 如果有呼吸：**打開呼吸道**並移除可見之異物（見第33頁）， 以**復甦姿勢**抱著嬰兒（見第32頁），如果沒有呼吸，著手進行**復甦程序**（見第33頁）。

對出現異物哽塞徵兆的嬰兒，合併運用背部拍擊與胸部快速按壓法，施行三個週期的完整程序之後，**如果沒有任何改善就叫救護車**。按照步驟做5次嘗試後給予2次有效的人工呼吸，如果仍然不成功則開始復甦步驟（詳見第32-33頁）。並且請注意：絕不可以對嬰兒做腹部快速按壓法。

背部拍擊 該怎麼做：

- 抱著嬰兒使其臉部朝下，並讓其頭部順著你的手臂傾斜，把你的手臂放在大腿上作支撐。
- 用你空出的手根部在肩胛骨之間給予五次背部拍擊。
- 將嬰兒翻轉至你的另一隻手臂上，檢查其口部並移除任何異物。
- 如果這沒有幫助，那麼執行胸部按壓法。

胸部快速按壓法 該怎麼做：

- 將嬰兒轉為臉部朝上，頭部低於臀部的姿勢。
- 用兩隻手指的指尖在胸骨上方施予5次胸部推擠（深度約2公分；3/4英吋）。每次按壓應相間隔約三秒鐘。
- 檢查口部並清除異物。如果嬰兒在3個週期後仍無呼吸，立即叫救護車。

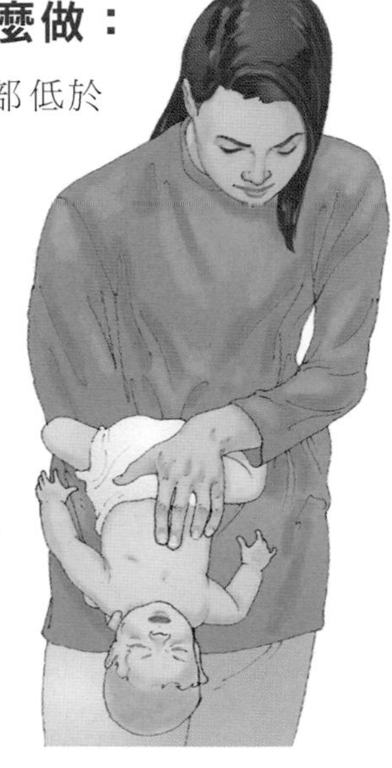

注意事項

- **絕不可以對嬰兒做腹部快速按壓法。**

如果嬰兒在5次背部拍擊與5次胸部快速按壓法後，仍然無法正常地呼吸：

- **打開呼吸道**（見第33頁），從口中移除異物。
- 如果他們完全停止呼吸，正確地保持呼吸道通暢並給予5次**人工呼吸**（詳見第33頁）。
- 如果人工呼吸無效，重複背部拍擊與胸部快速按壓法五個週期後叫救護車。

出血 Bleeding

出血不是因皮膚外在地破損，就是經由像是口部等自然開口的器官。大量或不間斷地出血將可能導致休克（詳見第40頁），尤其是對腦部與腎臟也會造成危險。急救人員的目標是確認並控制嚴重出血，以減低感染的風險，並使傷患不會因為失血而休克（見第45頁的禁止事項），而儘快帶傷患就醫是極為重要的。

處理方式

- 出血如果非常嚴重應**叫救護車**。
- 使用消毒棉墊或乾淨的布料，在沒有異物的深部傷口上給予穩固的**加壓止血**。不用移除被血液浸濕的棉墊，只要把第二片棉墊覆蓋上去即可。如果你沒有東西可用來做成棉墊，也可以用你的手，確定保持加壓直到救援到達。
- 小心地檢查傷口是否有任何異物，例如有玻璃碎片嵌進傷口裡面，則不要移動它。反而應拿一塊消毒過的紗布或布料，輕柔地覆蓋在嵌入物上面後，再用繃帶纏繞（詳見第86頁）。
- 抬高患肢，可以用手舉起或是用手邊的物品（例如椅子或石頭）來支撐它，如此可減低流往傷口的出血量，並且亦可藉由增加腦部血液之回流而預防傷患休克。
- 使傷患安心，如果他們顯現輕微地判斷力喪失或看起來蒼白與虛弱，則安置他或她舒適地坐著或**躺下**。密切地監測傷患在你照料傷口時，是否出現**休克**的徵兆（詳見第40-41頁）。
- 當你已經控制出血時，把第一塊紗布留在適當的位置然後用**繃帶**包紮傷口（詳見第39頁）。如果傷口在你包紮時猛烈地流血，不需將被血滲透的紗布移開，只要再將一塊新的紗布穩固地加壓在傷口上止血，有效控制出血是極為重要的。
- 如果必要的話，讓傷患躺下。這樣可藉由增加腦部血流量而減低昏倒的機會，或是舉高腿部以維持血壓（詳見第41頁）。

小叮嚀

使用外科手套以避免感染（人體免疫缺損病毒（HIV）與病毒性肝炎可因感染的血液，接觸到破損的皮膚而遭受傳染）。如果你沒有手套，在給予急救的前後都要徹底地洗手，使用抗菌的肥皂或溶液。

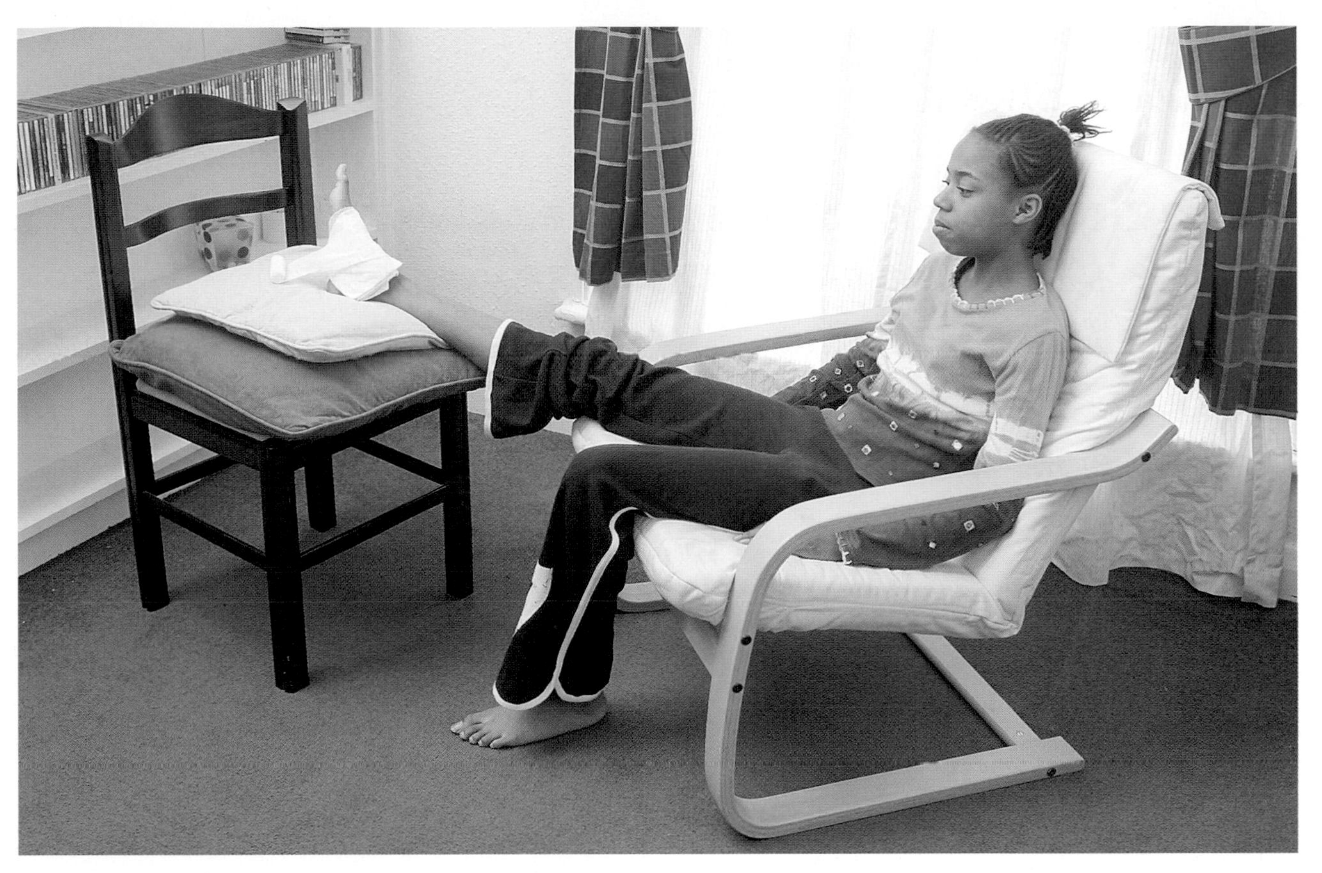

當你已經止血並且包紮傷口，應讓傷患躺下或舒適地坐著，並抬高患肢。

舉起患肢不但可減少傷口的出血量，並能增加腦部的血流量。可給予傷口直接加壓。

X 禁止事項

- **不要擅自移除嵌入的物體。**例如：玻璃或刀子。如果它刺入器官，移除它可能給予更多的傷害，並且增加出血量。利用兩個或更堅固的滾筒狀繃帶放在嵌入物旁邊後以**環狀包紮**（見第86頁），以防傷口受壓迫刺入更深。如此一來，不但不用擔心碰到嵌入物或傷口本身，同時也能保持傷口加壓止血。

休克 Shock

當灌注身體組織與器官正常健康的血流量，低至危險值時便可能發生休克。導致休克的原因很多，包括突然出血（詳見第38頁）、心臟病發作（詳見下方與第78-79頁）、過敏性休克（詳見第42頁）、燒傷（詳見第52頁）以及神經系統的損傷（脊神經傷害，詳見第74頁），甚至是頭部傷害（詳見第59-61頁）。如果休克處理不夠迅速，重要的器官例如心臟、腎臟與腦部，都可能遭受損傷與衰退。身體對休克所做出的反應是將四肢的血流轉往重要器官。休克應被視為是急迫的醫療突發狀況，因為病情也許會快速惡化，並且可能需要人工呼吸（詳見第26頁）以及復甦術（詳見第22-37頁）。

《症狀》

導致休克的原因有許多，但是可能包括了以下的敘述：

- 外表看來蒼白（臉色等膚色灰白）
- 濕冷、發黏的皮膚
- 噁心嘔吐
- 快速或是不規則而逐漸轉弱的脈搏
- 呼吸很淺
- 不停地打哈欠或是發出嘆氣聲
- 藍色的嘴唇與指甲
- 煩亂、焦慮或混亂
- 坐立不安
- 口渴
- 暈厥
- 無意識
- 胸痛
- 流汗過多

引起原因

- 因重大傷害而產生的嚴重出血或脫水（低血容積性休克）。
- 心臟病發作或心衰竭（心因性休克）。
- 過敏反應（過敏性休克）。
- 脊神經受傷（神經性休克）。
- 因燒傷、嚴重腹瀉或嘔吐所導致的體液喪失。

讓病患躺下並抬高腿部促使血液更容易循環。

處理方式

- 如果你懷疑某人可能正處於休克，立即呼喚醫療協助。

　　處理所有明顯的傷害（燒傷、骨折及出血）並且定時監測**生命徵象**（詳見第22-23頁），給予適當的處理直到醫療協助到達。

- **如果傷患是有意識的**，而且你確定頭部、頸部、脊椎與腿部沒有受傷，讓他們平躺在地上，把腿部抬起約30公分（12英吋）或是高於心臟。
- **如果懷疑有頭部或脊椎傷害**，千萬不要移動傷患－他們應該保持在被發現時原來的姿勢，直到醫療協助到達。
- **如果傷患嘔吐或流口水**，將他們的頭部轉向一側以預防因嘔吐物吸入肺部所引起的哽塞，如果頭部或脊椎有受傷，應穩固托住傷患頭部，小心將身體轉向側面，並在頭部下方放置支撐物，以保持頭部在原來的姿勢。
- **鬆開緊身衣物**，然後用毛毯或衣服覆蓋傷患，給予溫暖。
- **使傷患安心**，並且對任何的傷口、傷害或疾病給予適當的急救。
- **不要給休克的傷患任何食物或飲料**，如果他們感到口渴，讓嘴唇保持濕潤。

預防措施

　　當伴隨其他緊急狀況時，早期確認潛在的原因並且確保立即的醫療急救，將會降低休克的嚴重度。

　　替一位傷患控制住外在的出血，協助其身體機制維持正常的血壓，可預防因休克的惡化而導致生命受到威脅。

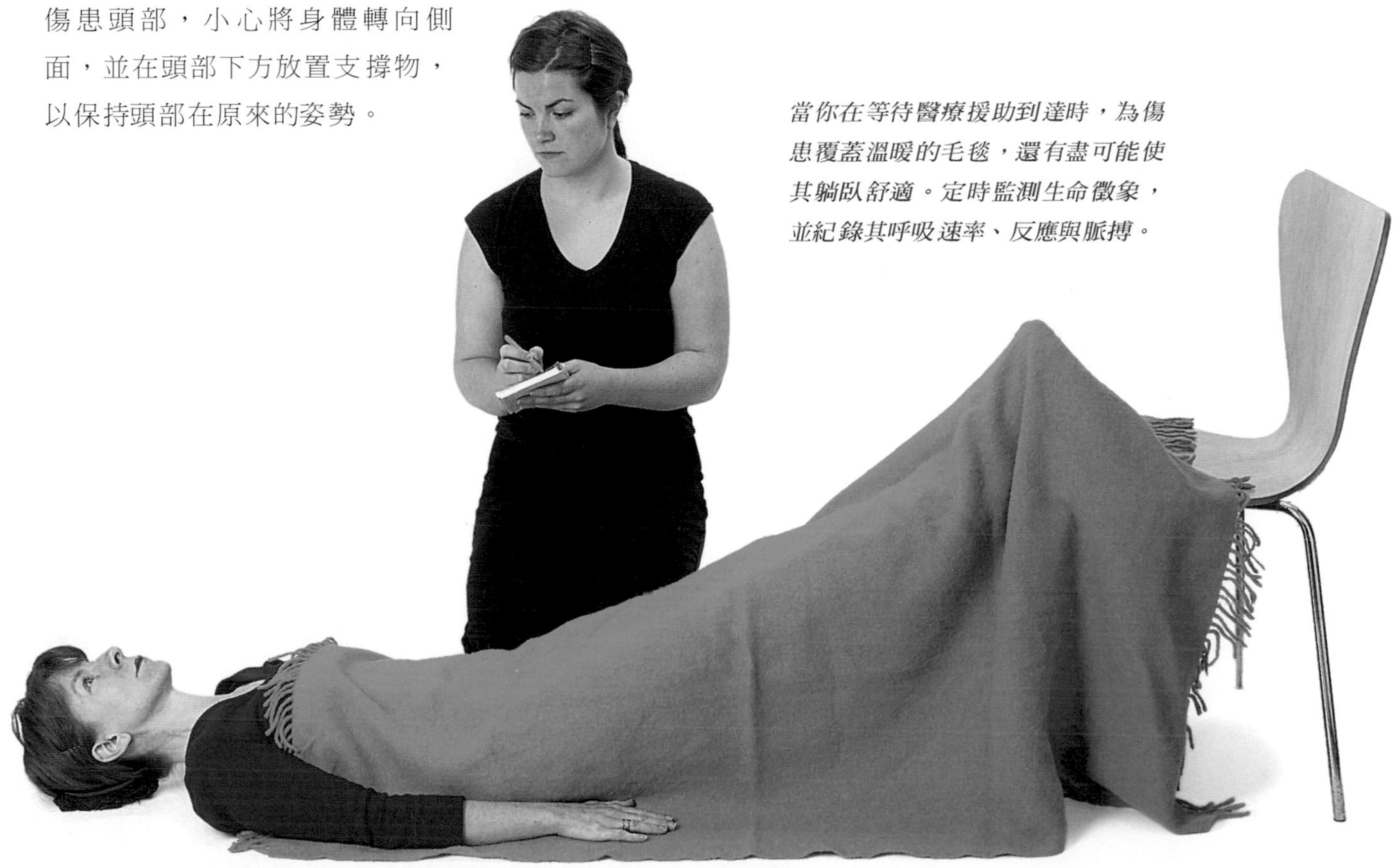

當你在等待醫療援助到達時，為傷患覆蓋溫暖的毛毯，還有盡可能使其躺臥舒適。定時監測生命徵象，並紀錄其呼吸速率、反應與脈搏。

過敏性休克 Anaphylactic Shock

過敏性反應（過敏性休克）是很少見但嚴重的過敏症反應，發生於此人的免疫系統辨認出會對全身造成威脅的特定物質。此反應迅速地擴展全身，引起血壓突然下降以及呼吸道狹窄，使得呼吸困難。除非給予立即性的處置，否則過敏性反應可能會致命。

《症狀》

症狀通常會非常快速地發展，並且可能包括以下敘述：

- 呼吸困難
- 發出哮喘聲或異常尖聲的呼吸音
- 胸口與喉嚨感覺很緊
- 搔癢、紅色的皮膚疹
- 腫脹的臉、嘴唇與舌頭
- 焦慮或混亂
- 頭昏眼花、暈厥、失去意識
- 腹部疼痛、絞痛、腹瀉
- 噁心嘔吐
- 鼻塞或咳嗽
- 心悸（能感覺心臟的強烈跳動）
- 快而弱的脈搏
- 言語含糊不清
- 皮膚呈現藍色，包括嘴唇或指甲

引起原因

對特定物質產生極度的過敏反應。常見的過敏原，包括昆蟲螫叮；對某食物過敏，例如有殼貝類、堅果或草莓；或者是特定藥物，例如盤尼西林（penicillin）（亦見於第101頁**過敏症**）。

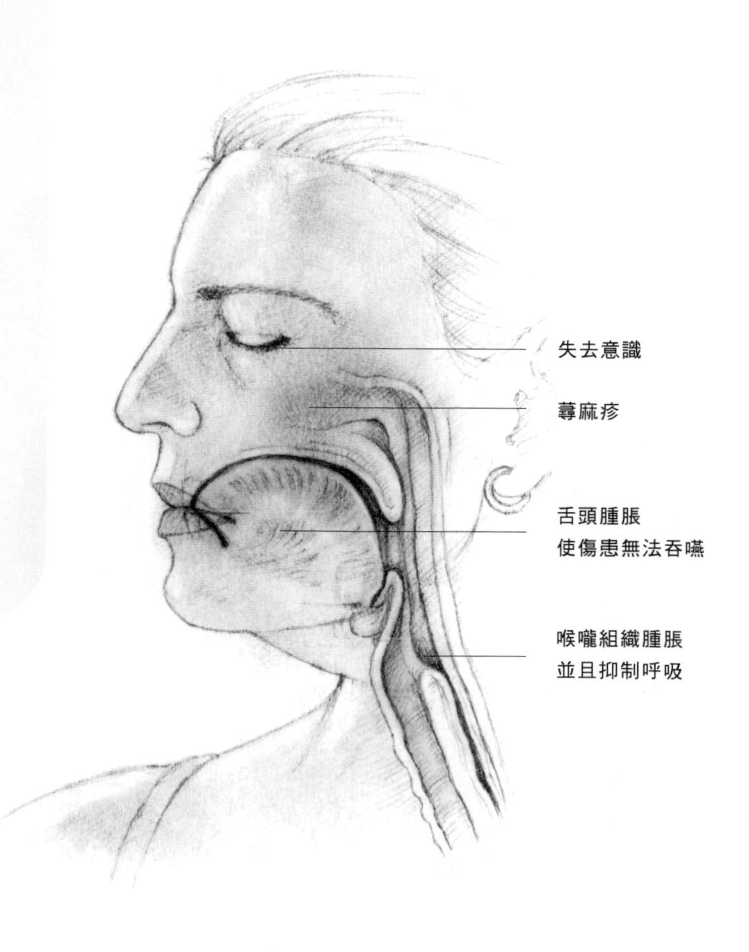

處理方式

- **立刻找醫生或叫救護車**。除非適當地處理，否則過敏性休克可能會致命。
- 在等待當中，如果傷患是有意識的，幫助他採坐姿以易於呼吸。如果傷患有**腎上腺素注射器**（Epipen），幫助他在大腿肌肉上施打，除非必要時可直接貫穿衣服。
- 如果傷患失去意識，若有必要則施行**人工呼吸**（詳見第26頁）。
- **千萬不要留傷患單獨一個人**，除了你去叫救護車的時刻。

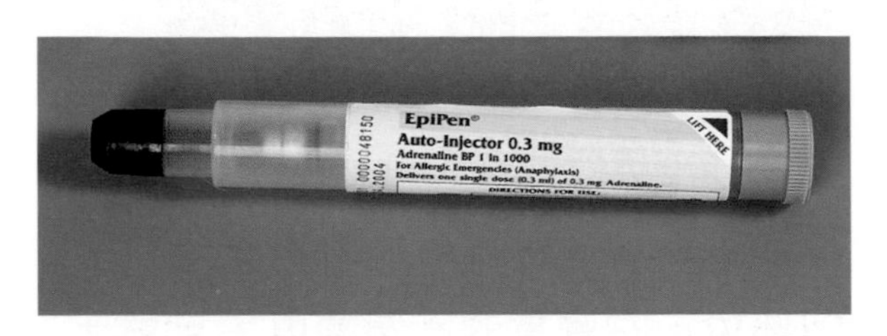

如果你有嚴重的過敏症，應該隨時帶著腎上腺素注射器。在過敏反應中，可將腎上腺素注射在你的大腿肌肉上。

注意事項

如果你是獨自一人，當你感覺到可能有過敏反應的症狀時，立即與醫生或急救單位聯絡，並且說明你發生了什麼事。不要自行開車到急診室，因這些症狀可能在途中變得更明顯，然後使你發生意外。

預防措施

已經知道對特定過敏原感到敏感的人，應該隨時佩帶醫療警示標籤，如此能在緊急時給予正確的處置。他們也應該要求醫生開一個緊急配備的藥方，存放在家中。（這樣的配備通常包含抗組織胺與腎上腺素注射器。）

最好的預防方法是避免暴露在已知的過敏原之中。舉例來說，如果你對蜜蜂的螫叮過敏，那麼你在庭院工作或參與任何戶外活動時，要穿著長褲與長袖上衣。

食物過敏者應該閱讀包裝標示，並且在餐廳點餐時要詢問烹調原料，清楚地表明對某一特定食物會過敏。

如果你是對於在緊急情況下可能會被投予的盤尼西林（penicillin）或其他藥物有所過敏者，必須隨時佩帶著一條清晰可見的醫療警示標籤。它將可在你無法開口說話的狀況下，提供給醫療人員有關你過敏的詳情。

痙攣與抽搐 Convulsions and seizures

抽搐可能使目擊者感到驚慌，因為它也許會持續30秒至數分鐘，而且涉及全身或者某個部位。在嚴重的案例當中，可能因為傷患的腦部有自發性電器活動，而觸發嚴重的肌肉收縮與放鬆，使其抽搐。對於要結束抽搐是束手無策的，所有你能做的，只有等待它停止，並努力確保此人沒有因為肢體猛烈撞擊到硬物而受傷。

如果抽搐持續超過約兩分鐘，或是一陣抽搐又跟隨著另一陣快速連續的發作，而傷患在兩次之間沒有恢復意識，那麼表示你身處於一個醫療緊急的情況，因為此人在抽搐的期間將無法正常地呼吸。立刻尋求協助並紀錄抽搐的持續時間與嚴重度、傷患呈現什麼樣的動作、抽搐的部位、有無膀胱控制力的喪失、任何眼部或頭部動作，以及傷患的意識狀態等級。這項資料將有助於診斷抽搐的原因與適當的處理方式。

《症狀》

在發作之前可能出現奇怪的感覺，例如耳邊的雜音、閃光、噁心、頭暈、恐懼感或焦慮感。有些傷患可確認出這些症狀並且知道何時抽搐即將發生。在抽搐的期間，傷患可能：

- 因昏倒或失去意識而跌倒
- 出現混亂的行為
- 暫時停止呼吸
- 流口水或口吐白沫
- 身體一部分感受到刺痛或抽痛
- 感受到強勁的肌肉痙攣引起肢體抽痛與猛然拉動
- 發出咕噥聲或鼻息聲
- 失去膀胱或腸道控制
- 頭部或眼部可能會不定地活動

如果抽搐復發而且無法確認潛在的原因，此人可能會為癲癇所苦，但幸運的是，通常能使用藥物去控制。

引起原因

- 腦部感染
- 腦部或頭部受傷
- 異物哽塞
- 藥物的反彈效應
- 電擊休克
- 癲癇發作
- 發燒（幼童）
- 中風
- 中暑
- 毒物傷害
- 高血壓（尤其是懷孕的晚期）
- 血糖過低（低血糖）
- 中毒／酒精或藥物過量

處理方式

- 首先是**預防受傷**。將可能會造成傷害的家具或其他物體移開。
- 如果可能的話，**鬆開緊身衣物**，尤其是在傷患的頸部周圍。
- **如果傷患嘔吐**，將其臉部朝下，讓嘔吐物可順利從口內吐出而不會吸入肺部。
- **幼童的高燒**可能會引發抽搐，利用冷敷以及溫水逐漸降溫。
- **許多人會在抽搐後進入深沉的睡眠**；用毛毯覆蓋他們以保持溫暖，若是他們的呼吸道、呼吸與心跳保持正常，就讓他們繼續睡眠。如果當他們醒來後失去定向感，不要驚慌。
- 若當一位無意識的傷患是**糖尿病傷患**，或者你認為他可能是，你可以在其舌頭下面放一些糖粒或葡萄糖液體。在已恢復意識的傷患之案例中，給予一些糖水或濃縮的葡萄糖液體將會是安全的。**注意：**僅在抽搐已經結束後才執行，不要在發作的過程中給予。

預防措施

- 如果你有癲癇，定期地按照醫囑服用藥物，並且隨時佩帶醫療警示標籤（詳見第43頁）。
- 特別是幼童的高燒（39度多）應儘快處理。
- 確保慢性藥物是在指示之下服用，尤其是孩童與老年人。

發生以下情況應立即尋求醫療幫助

- 傷患持續抽搐超過兩分鐘
- 他或她一小時內發生不止一次的抽搐
- 傷患在連續的抽搐之間沒有恢復呼吸
- 以前完全沒有抽搐的病史
- 病患是糖尿病傷患或是有高血壓
- 傷患懷孕
- 抽搐發生在水中

禁止事項

- 不應強制約束傷患；除非是為了預防最嚴重的抽搐患者受傷。
- 傷患抽搐時不應在其牙齒之間放置任何東西－湯匙柄或你的手指。
- 不要移動傷患，除非他們身處於危險當中或靠近某些危險的事物。
- 勿試圖讓傷患停止抽搐。
- 勿給予抽搐傷患人工呼吸，即使他們轉為發紺。大部分癲癇在腦部損傷開始前會安然地結束。
- 不要給予傷患任何食物或飲料，直到抽搐完全結束並且確定他們完全清醒。

當傷患在抽搐後可能會睡著，這時應用毛毯覆蓋他／她。

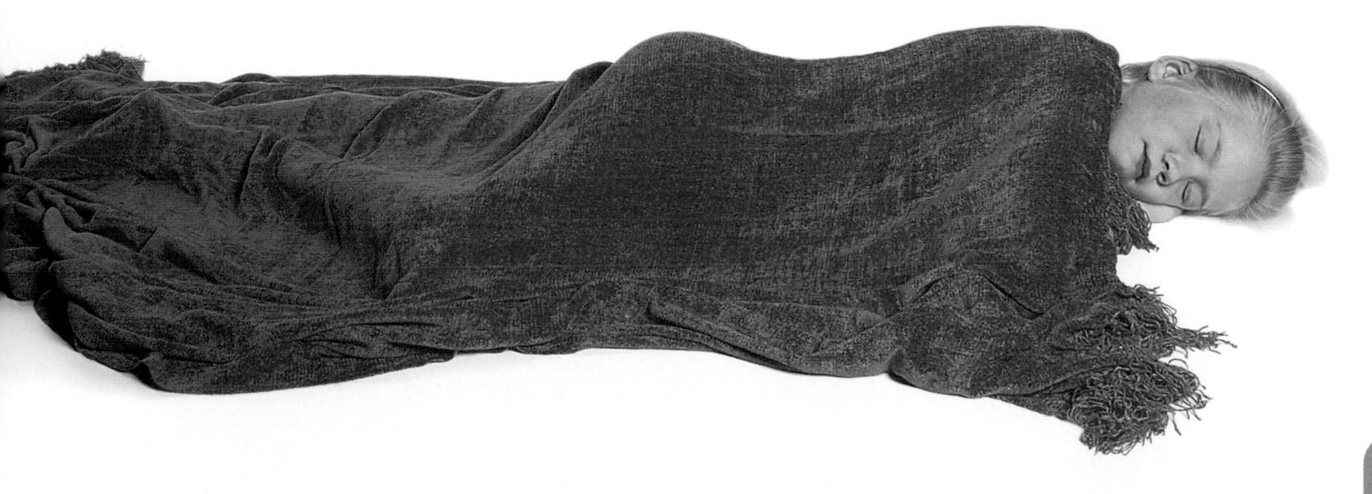

發燒或腦膜炎 Fever and meningitis

發燒是身體對疾病或感染的反應。正常的體溫約攝氏37度（華氏98.6度），隨著個體的不同有些微的變動。體溫在一天之中也會有些許變化，通常早晨較低。影響體溫的因子，包括壓力、所穿著的衣物數量、運動、藥物、年齡（孩童較容易發高燒）以及女性的生理週期。輕微的發燒是攝氏38度（華氏100度）或者更低；而較嚴重的發燒是攝氏39度以上（華氏102度）。通常發燒是由於感染所引起的，它可能突然升至高峰然後消退，或在一段時間內上上下下、不斷變化。當細菌、病毒或毒物釋放至血管當中，發燒便可能伴隨著打冷顫與發抖。

發生以下情況應立即尋求醫療幫助

- 在家中經過處理一、二個小時後，發燒仍維持在攝氏39.5度（華氏103度）以上。
- 體溫上升至攝氏40度（華氏105度）。
- 發燒持續兩天以上。
- 病患是年齡小於6個月以下的嬰兒。
- 年齡介於6歲至12個月的幼童發燒超過24小時。
- 你認為你可能服用了或給予錯誤的藥物或劑量。
- 病患發生頸部僵硬，或變得混亂、燥動不安及遲鈍。

引起原因

- 傷風或是像流行性感冒的身體不適。
- 耳朵感染、喉嚨痛與“鏈球菌性喉炎”。
- 上呼吸道感染（扁桃腺炎、咽頭炎、喉頭炎）。
- 急性支氣管炎或肺炎。
- 病毒或細菌性腸胃炎。
- 泌尿系統感染（膀胱與腎臟）。
- 炎熱天氣或室內過於溫暖之下，穿著過多衣物的嬰兒。

發燒

發燒的病患通常會出現身體溫度已經上升，但是卻在發抖或是打冷顫的情況。這時如果用毯子覆蓋他們，將可能會使溫度升得更高。在輕微發燒之下，所有的病患需要的是休息與飲用液體，也可以嘗試用溫水擦拭身體，但不要使用冷水或外用酒精，因為後者容易經由皮膚而被吸收。某些藥物可以抵抗發燒或冷顫，但是你必須牢記著，阿斯匹靈（Aspirin）永遠不應該給予年齡在12歲以下的孩童。如果無法肯定，則不要給予任何藥物，而是尋求醫療照顧。

退燒

在使用任何退燒藥時，應特別注意服用的劑量指示，特別是成人與孩童的劑量會有所不同。要冷卻成人的高燒可藉由使用濕涼的布料擦拭身體，並且給他／她補充大量的水分。

如果在服用藥物一至二小時後，孩童的體溫仍然超過攝氏39.7度（華氏101.5度），

可脫掉他們的衣物，讓他們坐在溫水高度至肚臍的浴缸中，然後輕柔地擦拭他們的上半身，在需要時加入更多溫水到浴缸內，以預防發抖，記得水一定不能是冷的。當高燒退去，拍乾孩童的身體，再穿上輕薄而寬鬆的衣服，補充大量的水分並確保室內維持舒適涼爽。

症狀（腦膜炎）

- 發燒與顫抖、喘息
- 嚴重的頭痛
- 噁心嘔吐
- 頸部僵硬
- 粉紫色的疹子
- 對光敏感
- 失去食慾
- 混亂或意識不清
- 不安或燥動
- 嬰兒可經由膨脹的囟門看出（見第166頁詞彙表）

腦膜炎

腦膜的發炎可能因為病毒或細菌所引起，最常見的病毒性腦膜炎是較輕微的類型，而大部分病毒性腦膜炎的感染發生在五歲以下的孩童。急性細菌性腦膜炎必須視為醫療緊狀況處理，因為它可能引起腦部損害或死亡。

X 禁止事項

- 不應給12歲以下的孩童服用阿斯匹靈（Aspirin），以及讓六個月以下的嬰兒服用治療關節炎的止痛退燒藥（Ibuprofen）。
- 不要使用冰水或外用酒精去降低孩童的體溫。
- 不要用毛毯包裹住發燒的孩童。
- 勿喚醒正在熟睡的孩童起來服藥或測量體溫，因睡覺比你所了解的幫助更大。

“玻璃杯測試”

如果孩童長出粉紫色的疹子，用玻璃杯的邊緣對著它穩固地按壓。如果他只是一般的疹了，那麼應該會在壓迫下失去顏色。如果它無論如何都沒有改變顏色，而且你仍然可以透過玻璃杯清楚地看見疹子，就要立即與醫生聯絡。

腦膜炎的處置

立即尋求醫療照顧，送醫速度通常會是結果圓滿的關鍵。

讀取體溫的方法

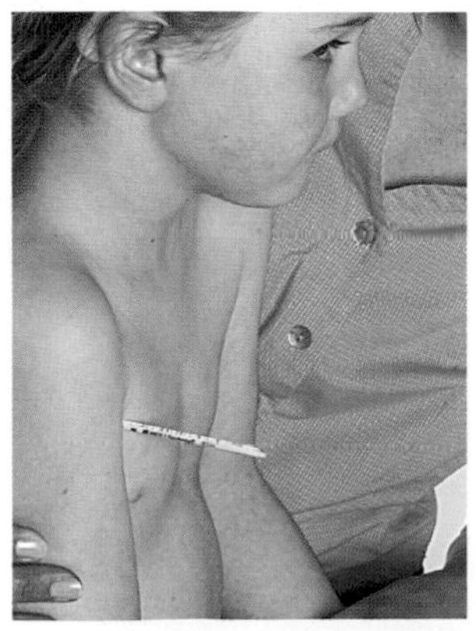

腋下

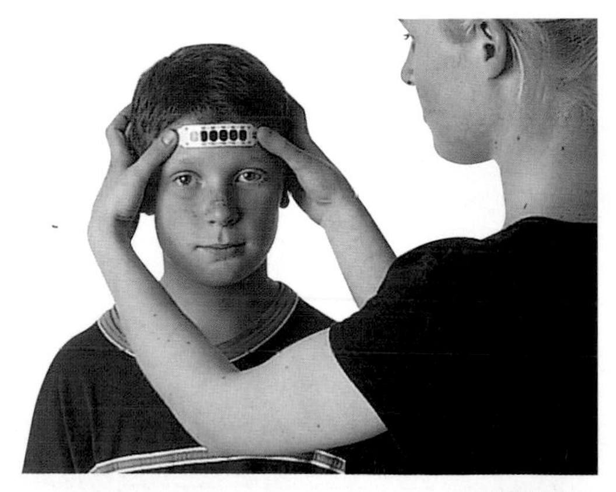

前額貼片

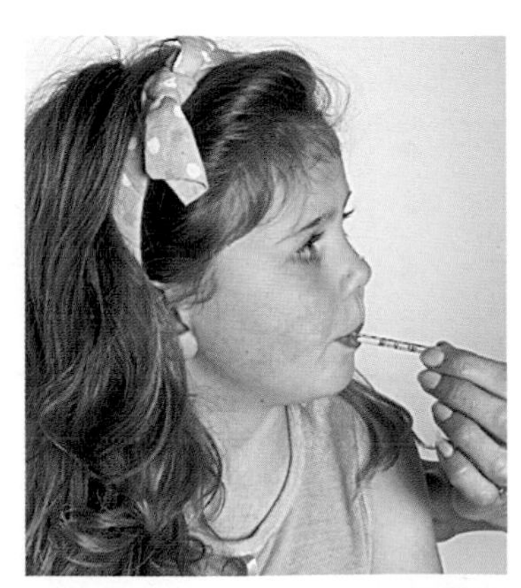

舌下

毒物傷害（中毒）Poisoning

如果一個人沒有顯而易見的原因卻突然變得不舒服，他們有可能是攝入或吸入性中毒。家庭用品、植物、腐敗的食物、殺蟲劑、化學製品與麻醉劑都可能引起中毒。除此之外，許多藥物使用小劑量便有助益，但是服用過量則可能非常危險。

送醫的速度是非常重要的，所以在你懷疑中毒發生時，立即聯絡就近的毒物資訊中心或熱線，抑或是緊急救援服務。尋找附近可疑的空容器，上面的標示可能有醫生所需要的重要訊息，即使標示已有部分被破壞，你還是要帶著容器一起去急診室。幼童尤其是危險群，因為他們無法分辨出有毒物質與其它無害的物質，而且他們會很自然地把東西放進嘴巴，所以要隨時將具有潛在危險的物品，放置在上鎖的櫃子或高的架子上。

《症狀》

影響腹部、外觀以及與健康有關的常見狀況：

- 噁心嘔吐
- 異常的疼痛
- 發燒
- 頭痛
- 皮膚起疹子或燒傷
- 腹瀉
- 失去膀胱控制力
- 煩躁不安
- 失去食慾
- 嘴唇呈現藍色
- 不正常的呼吸氣味

影響呼吸、循環以及神經系統的狀況：

- 短促的呼吸
- 暈眩
- 心悸
- 胸痛
- 複視
- 混亂
- 肌肉抽痛
- 嗜睡或木僵
- 麻木或刺痛
- 全身感到虛弱
- 抽搐
- 意識不清

為了能給予正確的處置，你的醫生將會需要知道被吸入或攝入之有毒物質其內含物。

引起原因

攝入（吞入）：

- 經由攝取被污染的食物所引起的食物中毒（例如大腸桿菌中毒）。
- 未經由醫囑之下的意外或蓄意服用過量藥物。
- 食用有毒植物。如果你不確定是什麼植物，拿一片到急診室給予鑑定。
- 誤飲用冷飲瓶內的有毒溶劑。
- 吞入或注射過量的麻醉藥物。

吸入：

- 家用清潔劑或化學製品的煙霧或蒸氣。
- 殺蟲劑或除草劑可能在庭院工作時被吸入。
- 一氧化碳氣體（從瓦斯爐或汽車排出）。
- 濫用強力膠（溶劑）、膠黏劑以及其他物質來達到快感。

當對植物噴灑藥劑時，要戴面具與護目鏡以預防吸入這些化學製品。

接觸到毒物：

- 觸碰到具有毒性的家用洗潔劑、清潔劑與化學製品。
- 觸碰到蛇類或蜘蛛的毒素（毒液）。

處理方式

如果傷患是有意識且能正常呼吸，第一步是與離你最近的醫生或急診室聯絡，他們將會告訴你怎麼做，直到醫療救援到達。詢問傷患他們攝入或吸入了什麼，如果他們無法給予清楚的回答，則去尋找任何可以提供線索的東西，例如空的容器。藉由口部周圍的燒傷、不正常的呼吸氣味、嘔吐或費力的呼吸，試圖去確認毒物的種類。

攝入（吞入）毒物：

- 如果傷患是無意識且沒有呼吸，檢查**生命徵象**（見第165頁），然後開始給予**人工呼吸**（見第26頁）與**胸部按壓**（見第22-27頁），監測傷患直到醫療協助到達。當在等待的時後以及傷患一開始自行呼吸時，將他們安置於**復甦姿勢**（見第25頁）並維持平靜與舒適。
- 永遠不要催吐（除非毒物控制中心告訴你要這麼做）。
- 如果傷患嘔吐，清除呼吸道（使用一隻被衣物包裹的手指），用容器盡可能保存嘔吐物。如果傷患吃了有毒的物質，嘔吐物中的成分將有助於鑑定。
- 如果開始**抽搐**（見第44頁），保護傷患不要受傷並且給予適當的急救。
- 將被化學物質或有毒物質浸濕的衣物移除，並且用水沖洗被影響到的身體部位。當毒物屬於乾粉狀，盡可能把它們刷掉（遠離臉部），移除衣物並沖洗被影響到的區域。

吸入毒物

- 第一步是讓此人與你自己離開毒物源。如果你並不確定來源，或你懷疑煙霧還存在著，試圖找其他人從旁協助，以防你自己也陷入危險。

- 深吸一口新鮮的空氣，然後摒住呼吸，用濕衣物掩住你的口鼻，並且將傷患移往通風的地方。如果你無法這麼做，可改以打開門窗或是使用風扇。
- 一旦離開危險的區域，馬上監測傷患的**生命徵象**。如有需要的話，儘快開始**人工呼吸**以及**胸部按壓**。
- 類似殺蟲劑這樣的吸入性毒物，可能也會影響到眼睛以及皮膚。因此需要先檢查眼睛與皮膚並且予以適當地初步處理。
- 如果傷患有嘔吐或抽搐的情形，則表示可能需要醫療處置。

X 禁止事項

- 不要讓無意識傷患經由口部服用任何東西
- 請勿催吐，除非醫療人員指示你這麼做（任何造成下行燒傷的毒物也會再一次地引發上行的燒傷並且增加損傷）
- 請勿試著去中和毒物，除非醫療專家告訴你這麼做
- 請勿給予任何催吐劑（例如吐根製的催吐劑pecac）

預防措施

一般家庭中有許多物質，在不正確地食用或是使用之下會是十分危險的。預防家庭意外中毒最簡單的方法就是教育你的孩子，在他們懂事的年齡，就教導他們不要去碰任何未經你許可的物質。

在家中

- 保持所有藥物、家用清潔劑、園藝用具以及溶劑上鎖，並且把鑰匙保存於孩童無法觸及之處。
- 永遠不要將裝盛食物或飲料的容器去儲存任何除了食物或飲料以外的東西。
- 把危險的物質放在他們原來的容器裡。如果容器開始滲漏，將內容物裝入一個非裝盛食物及飲料的新容器裡，並且清楚加以標示。如果可以的話，移除舊的標示，或將它複印並使用它去識別新的容器，也同時貼上安全警告標示。
- 在食用水果與蔬菜之前總是徹底將其清洗乾淨。
- 在衛生良好的情況下準備與烹調食物，並且丟棄任何可能已經變質或以某方式被污染了的物品。
- 注意食物的過敏。舉例而言，有的人對花生過敏，如果堅果類製品被使用在菜餚中，可能會產生呼吸困難（見第42頁**過敏性休克**）。
- 在選購食物時要加以檢查，以確保尚未超過保存期限。

在庭園中

- 移除庭園中的有毒植物。
- 永遠不要食用野外的莓果、蘑菇或任何植物，除非你非常確定它們是安全的。
- 當使用殺蟲劑或庭園噴劑時，記得即使一陣微風，都可能將噴霧吹向你的臉或身體，或經由打開的窗戶而吹進屋內。如果廚房的窗戶是打開的，那麼食物會很容易受到污染。
- 在你使用庭園噴劑與其他化學製品工作時，讓寵物遠離工作的區域。

一氧化碳中毒

一氧化碳是無色、無臭無味的氣體。它產生於車輛引擎燃燒、烤肉時木炭的燃燒、攜帶式丙烷加熱器，或者是攜帶式與非通風型的天然氣設備，例如瓦斯熱水器。在正常的情況下，當你吸氣時，會吸入含有氧氣的空氣，但一氧化碳具有干擾血液攜帶氧氣的能力，會逐漸增加組織氧氣的供應不足，導致以下之症狀。

《症狀》

- 頭痛
- 噁心嘔吐
- 缺乏判斷力
- 過動
- 異常或快速的心跳
- 快速的呼吸
- 簡短的呼吸
- 低血壓
- 昏眩
- 痙攣
- 昏迷，隨著意識不清與死亡而產生
- 胸部疼痛

引起原因

一氧化碳中毒發生於封閉或不通風的空間，所以在使用任何燃燒設備時要特別小心。一氧化碳中毒可能在無預警下發生，例如在運轉車輛的引擎以及冷天裡把車庫的門關起來；或是為了自殺而蓄意讓引擎在密閉環境中運轉。因為你無法聞到一氧化碳，所以即使已經中毒了，可能都還未能察覺出來。

處理方式

將傷患帶往有新鮮空氣的地方，因為這樣將立即終止污染物的含量。如果一氧化碳含量相當高，你自己也會身陷危險，尤其是因為焦慮或費力而用力呼吸。

- 做三個深呼吸後，然後摒住呼吸，進入現場將傷患帶往有新鮮空氣的地方。在最短的時間內，利用拉住他們的衣服、腿部或任何部位將其帶出現場。將門窗打開，使現場保持通風狀態。
- 立即叫救護車。如果可能的話，告知調度人員傷患的狀況、年齡、體重與他們暴露在一氧化碳之下有多久的時間。
- 如果傷患停止呼吸並且沒有脈搏，在等待醫療救援到達期間，即刻開始執行**復甦術**（詳見第22-37頁）。
- 復原通常緩慢，並且要視傷害的嚴重度而定，可能會有伴隨智能缺失的永久性腦部損傷。如果屬於上述後者在兩個星期後症狀仍是明顯的，那麼完全的復原是不太可能了。即使受害者看來好像沒有症狀，但是智能的缺損可能會在事件發生的一到二個星期之內出現。

預防措施

在使用氣體設備的區域內安裝一氧化碳偵測器，例如廚房、浴室、車庫或工作室。

一氧化碳偵測器

燒傷與燙傷 Burns and scalds

燒傷可說是最常見的傷害，它們依照嚴重度而分等級。提供適當的急救可減低燒傷所帶來的後果，但如果燒傷是嚴重的（二或三級），不會完全痊癒，或是後來發生併發症，例如感染，此時醫療的照顧是極其重要的。當不能肯定燒傷的嚴重度，應將其視為嚴重的燒燙傷來處理。倘若燒傷並不會痛，則要特別警覺，這可能意味著神經部位已經被嚴重破壞（詳見第53頁有關處理輕微燒傷與燙傷的資訊）。

《症狀》

呼吸道燒傷：

- 頭部、頸部或臉部燒傷，包括焦黑的口部或燒傷的嘴唇。
- 咳嗽與哮喘聲
- 被炭染污的黏液或唾液
- 費力而困難的呼吸
- 燒焦的鼻毛或眉毛
- 聲音改變

（注意：嚴重的呼吸道燒傷可能會發生於沒有任何外觀上的燒傷，例如，如果傷者是身處在一個充滿煙霧的房間裡。）

表面燒傷：

- 水泡
- 疼痛（沒有疼痛則懷疑是嚴重的燒傷）
- 脫落的皮膚
- 充血的皮膚
- 白色或焦黑的皮膚
- 受到侵襲的區域周圍腫脹
- **休克**（詳見第40頁）—病症包括蒼白、發黏的皮膚、帶有藍色的嘴唇與指甲、虛弱、失去定向力以及警覺力降低。

一些決定燒傷嚴重度的要素

- **大小**—所覆蓋的身體範圍。
- **位置**—臉部、手、足與生殖器的燒傷更為嚴重，因為有可能即使在燒傷復原後也會永久失去功能。
- **熱源的等級或種類**（即火焰、電流或熱油）。因化學製品或有毒物質所引起的。

燒傷可能導致其他併發症

- **時間的長度**即傷患暴露於熱源下的時間。
- **年齡**—4歲以下孩童與超過60歲的成人，比起其他年齡層更容易發生併發症。

引起原因

- 熱燒傷起因於乾燥、發散的熱源，例如火災、熱的表面（暖氣機或暖爐）或太陽。
- 燙傷起因於熱的液體或蒸氣。
- 化學燒傷來自於皮膚接觸到化學製品，包括一些家用產品。
- 電燒傷是由於接觸到通電的電線或電流。
- 摩擦燒傷常見於運動傷害或摩托車意外。
- 煙霧、過熱的空氣或有毒的氣體會造成呼吸道的燒傷。

輕微燒傷與燙傷的處置

首要目標就是減少仍然存在於皮膚的熱源。

- **移除熱源**。
- **安慰傷患**。
- 在腫脹開始之前，**移除手錶與戒指**，以及其他會形成束縛的物品。
- **如果皮膚是完整的**，輕柔地用冷水（非冰水）沖洗燒傷區域，或浸泡於裝有冷水的臉盆裡至少十分鐘。
- **一旦燒傷區域已被冷卻，用清潔的布料或消毒繃帶覆蓋它**。試圖不要讓燒傷部位受到摩擦，並且不要將敷料綁得太緊。
- 如果有必要的話，**使用不需處方籤的溫和止痛藥去減低疼痛**。輕微的燒傷在除了更換敷料外，通常不需要進一步的處置。

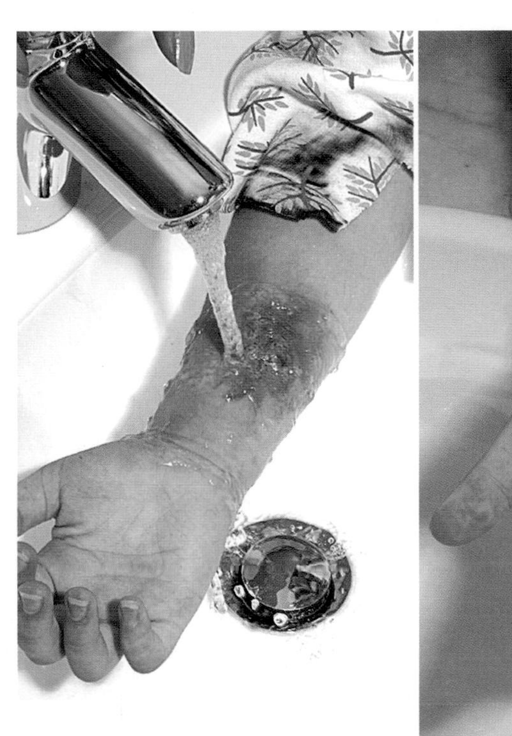

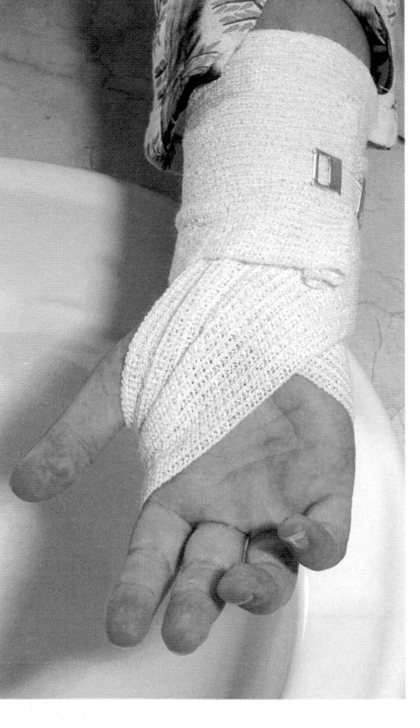

面對輕微的燒傷或燙傷，可以先利用流動的冷水減緩疼痛，再使用消毒的敷料以繃帶鬆弛地包紮起來。

嚴重燒傷與燙傷的處置

要將這種狀況視為嚴重的緊急情況，並且請求立即的醫療協助。

- **讓傷患遠離熱源**，如果某人的衣服著火，將水傾倒在他們身上，或用軟管淋澆（使用溫和的噴灑）。
- 如果沒有水可供使用，用天然纖維，例如棉或羊毛所製成的厚外套或毛毯，去包裹傷患，**以悶熄火焰**。（不要用人造纖維製成的物品，例如尼龍，因為它們會著火。）
- 讓傷患平臥在地上並使其滾動。
- **確保所有的悶燒或著火的衣服已完全撲滅**。
- **不要移除燒焦衣物上的物品，除非它們掉落**。
- 在照顧燒傷處前，**確保傷患在呼吸**。如果呼吸道被堵住了，打開它使其暢通。如果呼吸沒有自行恢復，則開始**人工呼吸**（詳見第26頁）。
- **放置一條濕冷且消毒過的繃帶，或是廚房用的保鮮膜（PVC包裹物）在燒傷的區域**。不要用毛毯或毛巾，因為纖維可能跑進燒傷部位並且造成之後的合併症。
- 如果手指、足部或腿部內表面被燒傷了，用乾燥、消毒過的非黏著性敷料來**保持受傷表面分離**。枕頭套或塑膠購物袋可以捆在燒傷的手或足部周圍。
- **抬高燒傷區域**，保護它不要受到壓力或摩擦。
- 藉由讓傷患躺下並抬高他們的足部約30公分（12英吋）以**預防休克**，除非懷疑有頭部、頸部或背部傷害。利用外套或毛毯讓他們保持溫暖。
- **監測傷患的生命跡象**，直到醫療救援到達。

燒傷的種類

- **第一級（表面的）**—皮膚表層的輕微燒傷，看起來像輕微至中度的曬傷（紅而發熱的皮膚）。
- **第二級（部分層面）**—更深的燒傷會損害表面與下方的皮膚層，引起疼痛、紅腫與水泡。
- **第三級（全部層面）**—嚴重的燒傷影響表面與下方的皮膚層，引起極度的疼痛、紅腫與水泡。第三級的燒傷擴及更深層的組織，造成可能有麻木感的棕黑色皮膚。

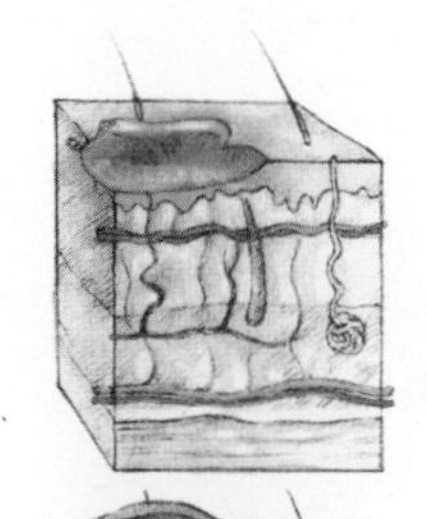

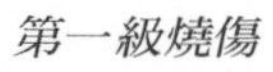

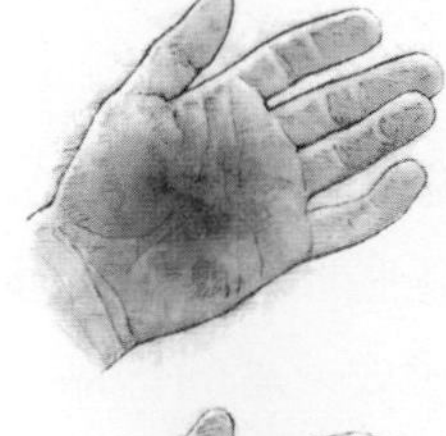

第二級燒傷

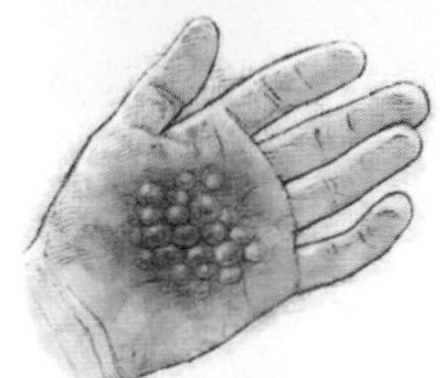

第三級燒傷

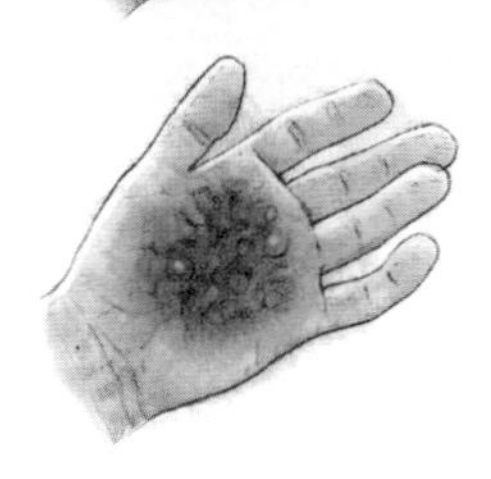

注意事項

請求緊急醫療協助，如果：

- 嚴重而大面積的燒傷，或是呼吸有困難。
- 任何影響臉部、手部或鼠蹊部位的燒傷。
- 兩歲以下的孩童被燒傷。
- 化學或電擊傷害。
- 傷患呈現**休克**的徵象（見第40頁）。
- 如果第二級燒傷面積直徑大於50-75公厘(2-3英吋)，或是位於手、足、臉部、鼠蹊部、屁股以及主要關節處，應視為重要的燒傷來處理。

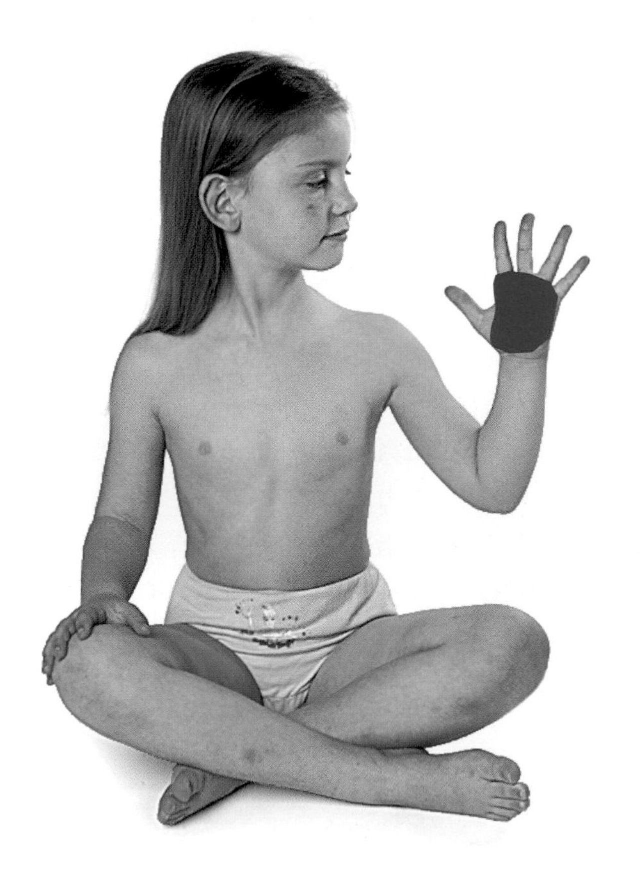

估計燒傷的表面積可利用手作為測量工具。手掌等同於身體總表面積的1%。通常超過1%身體總表面積的燒傷需要醫療照顧。

如果衣物著火，用天然纖維，例如棉或羊毛所製成的毛毯，將此人捲起以撲熄火焰。

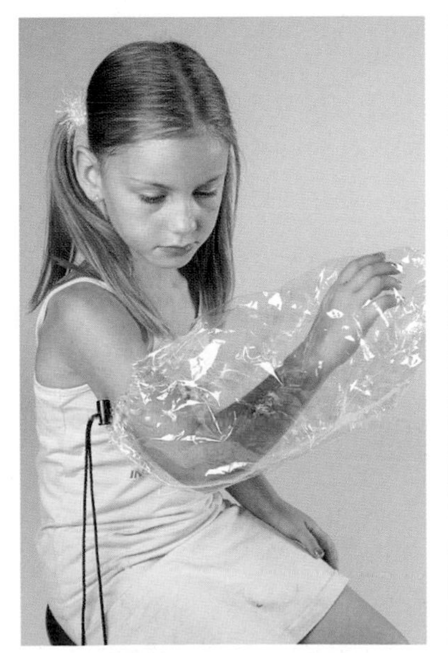

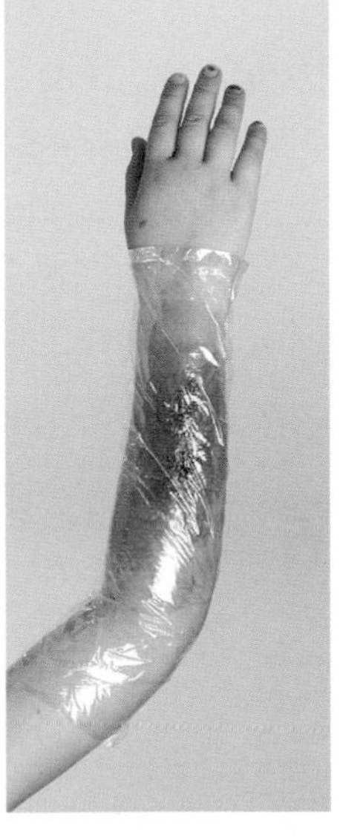

為了預防感染，用乾淨的塑膠袋或保鮮膜寬鬆地覆蓋住嚴重的燒傷。

X 禁止事項

- 不應給予具黏性的繃帶、脫脂棉或棉花狀的敷料、冰塊、藥物、油膏或任何家庭治療法去處理燒傷，因為它們會阻礙適當的痊癒，並可能引起感染。
- 請勿給予冷敷或將嚴重的燒傷浸泡在冷水中；這樣會造成循環降低而且延遲痊癒。
- 不可對燒傷部位呼氣或咳嗽。
- 不可破壞或刺穿水泡。
- 請勿干擾或企圖去移除水泡或是壞死的皮膚。
- 請勿給予一位嚴重燒傷的傷患經由口部服用任何東西。
- 如果傷患是呼吸道燒傷並且他／她是躺著的，不要放置枕頭在其頭部下方，這樣會限制住呼吸道。

預防燒傷

避免燒傷的最簡單方法是不要接近熱的東西，但這在日常生活中是幾乎不可能的。烤箱、火爐、暖氣機與散熱器、點火裝備與許多設備是我們視為平常的東西，而且無法想像生活中能沒有它們。孩童對於涉及危險的無知而有燒傷自己的可能，然而成人經常會因為不小心而燒傷，經由移除或減低意外，或是傷害發生的可能性，努力並且保持孩童遠離危險之途，是每一位父母的責任。

在木頭、煤炭或氣體式取暖器周圍安裝防火的爐欄。不要吊掛衣服或任何東西在爐欄上面，以免危險。

廚房

廚房所發生的家庭火災比其他地方還多，使得它成為發生燒傷相關意外最可能的場所。

- 永遠不要遺留任何東西在火爐或烤架下方。如果你要離開廚房，關閉熱源並且將鍋子移到冷的板子上。
- 當某些東西需要自爐子內移開時，使用你的烤箱計時器來提醒你。
- 確定你的烤箱手套與鍋子支架處於良好的使用狀態。如果布料上有破洞或缺口，那會很容易燒傷你的手。

- 將鍋子的把手轉離火爐或櫃檯頂端的邊緣，並且利用後方的金屬板。
- 當把鍋蓋拿起沸騰的鍋子時，不要把它翻轉，否則當蒸氣逸出時你的臉可能會燙傷。
- 燙衣服時小心你的手，一不小心的閃神會導致手指的燒傷。

浴室

在沒有人照顧的情況下，留在浴室裡的孩童可能會打開熱水龍頭，並且在很短的時間內遭到嚴重的**燙傷**（詳見第52頁）。

臥室

電毯對於每年數千起的火災負有責任。不要使用電線老舊、磨損，或是顯示有燒焦徵兆的毯子。確保插頭與控制開關是安全的，而且不要任由它開著數個小時，當你要上下床時把它關掉。考慮更換使用年齡已經超過十年的電毯。

戶外

夏天是烤肉的時節，也意味著火焰、木炭與燒傷的潛在可能。避免孩童在烹調區域周圍玩耍，在手邊準備一些水以隨時撲滅任何突發的火焰，並且安全地放置滾燙的木炭，不要扔在孩童的小腳可能踏到的地方。

化學燒傷與傷害 Chemical burns and injuries

大多數的化學傷害是由於意外接觸到具腐蝕性的物質。不小心攝入這樣的物質（詳見第48頁中毒）會造成嚴重的內在損傷，傷害程度依照所涉及的化學製品其數量、位於體外（或內）何處，以及傷患暴露在其中的時間長短而定。某些化學製品，包括蓄電池的酸性物，一般家用漂白劑與游泳池的酸性物，所造成的問題範圍會從相關的輕微影響（包括燒傷），到十分嚴重的反應。一位在其他方面都呈現健康的人（或寵物），沒有明顯的原因而變得不適，有可能被懷疑是受到化學製品的傷害，注意你是否可以在附近找到一個化學用的容器。

《症狀》

這些多樣的症狀，要視傷患所暴露的化學製品、數量與暴露的持續期間而定。

化學中毒

- 腹部疼痛
- 呼吸困難
- 痙攣（抽搐）
- 暈眩
- 頭痛
- 蕁麻疹、搔癢、腫脹
- 噁心或嘔吐
- 由於過敏反應而導致的虛弱
- 意識不清

燒傷

- 皮膚與嘴唇上有鮮紅色或藍色的疹子。
- 接觸到有毒物質的皮膚感到疼痛。
- 皮膚燒傷後的水泡。

引起原因

- 化學燒傷是由於皮膚意外接觸到有毒或腐蝕性物質所引起的。
- 中毒起因不是攝入過多的藥物或服用錯誤的藥物（意外的過量），就是蓄意地吞下藥物或化學物質，例如：企圖自殺。

小叮嚀

如果可能的話，保留化學用的容器，並且把它拿給醫務輔助人員或醫生。容器上所提供的資訊將協助醫療人員做出適切的診斷與處理。

處理方式

輕微的化學燒傷皮膚表面，在沒有進一步的處置之下，通常會痊癒。然而，如果有二或三級的燒傷（詳見第54頁），則應立即請求醫療協助。當化學製品被攝入時，也應該毫無延遲地獲得醫療救援。

- 如果可能的話，**移除衣服或皮膚上殘留的化學製品**，在這過程中盡可能不要接觸到殘留物。如果化學製品是乾燥的，掃除它即可。如果有微風，則遠離眼睛並順著風掃除，覆蓋傷患的眼睛也保護你自己的眼睛，以避免污染。如果化學製品的確跑進了眼睛，用清水沖洗它們至少15分鐘，並且請求醫療救援。
- **移除污染的衣物**，包括首飾（例如：手錶或戒指，可能堵塞有殘留的化學製品）。
- **沖洗掉任何還殘餘在身上的化學製品**，使用流動的冷水至少15分鐘（見下方圖示）。

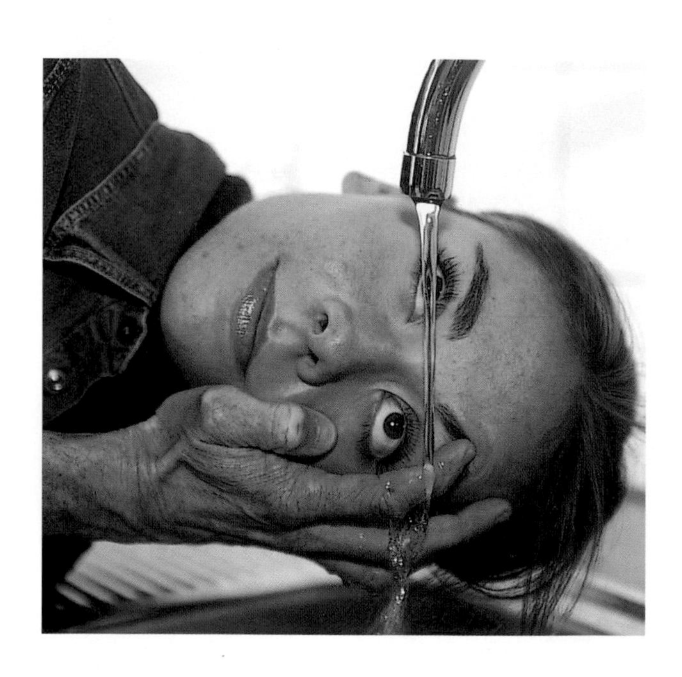

- 處置**休克**的傷患（詳見第40頁）。如果他們顯得暈眩或蒼白，或者是他們的呼吸聽起來是淺而快的。
- 給予冷的濕敷包以緩解疼痛。
- **把燒傷部位弄乾，並且用消毒過的乾敷料或乾淨的布料覆蓋它**。保護燒傷部位不受到壓力與摩擦。
- 在等待醫療救援到達的期間，**小心注意全身性反應**，並隨時照顧傷患。

預防措施

- 在許多家庭用品之中可找到有毒的物品，若不正確使用可能會有危險。請依從產品的指導說明並遵守任何警示。
- 儘量避免接觸化學製品，在過長的時間之下，即使是低量的污染物也會造成健康問題。
- 使用能防止孩童開啟的安全容器來存放危險物品，並且有完整的標示。
- 讓化學製品遠離食物、孩童、寵物及廚房表面。
- 在使用容器後，要立刻將其再次封好，並且把它儲存在可上鎖的櫃子或高架子上，讓幼童觸及不到。
- 永遠不要將化學製品相互混和，因結果可能很危險。所得到的混和物可能產生具有危害性的煙霧，或者甚至爆炸。
- 總是在通風良好的地方處理揮發性的物質（例如油漆、溶劑與氨水）。
- 永遠不要將化學製品（例如溶劑），放入冷飲瓶或裝食物的容器裡。

X 禁止事項

- 當你在給予急救時，避免讓化學製品毒害你。
- 請勿在沒有離你最近的毒物控制中心或醫師的醫療建議之下，試圖去中和化學製品。
- 請勿去刺破水泡或移除壞死的皮膚。
- 請勿給予任何軟膏或油膏。

頭部傷害 Head injuries

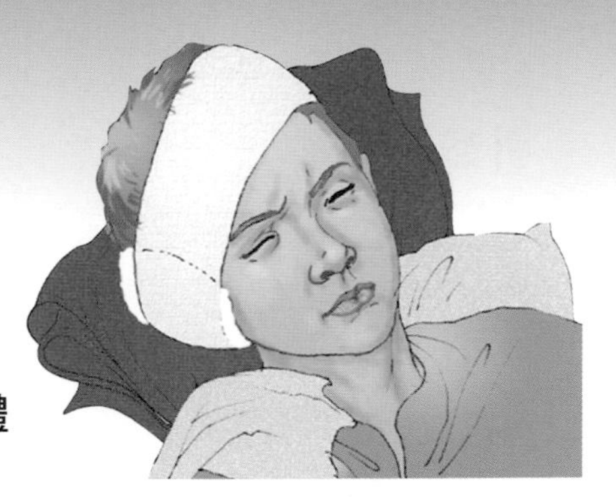

頭部傷害分為封閉性或是穿刺性的。在封閉性的傷害中，通常是因為頭部受到打擊，或者由於頭部撞上固體表面，但形成的力量並沒有穿透頭骨。腦震盪是一種封閉性頭部傷害，會暫時地干擾正常的腦部活動。而穿刺性傷害是一個物體刺穿頭骨並且進入腦內。如果脊神經受到損傷，那麼部分或全身性的麻痺便可能發生。嚴重或創傷性的腦部傷害，其後果可能會是持久的，甚至是不可逆的，它們包括了情緒混亂，視覺、聽覺、味覺與嗅覺的知覺喪失，人格改變與抽搐，可能也會引起語言、說話與認知能力的問題。如果某人在之後能夠立即繼續正常生活，那麼傷害應該不算太嚴重，然而最大範圍的損傷，可能在幾小時之後才出現，小心觀察行為的改變，如果有任何明顯的情況發生，則尋求緊急的醫療照顧。

《症狀》

並非所有的頭部傷害都要擔心。以下所列之項目，可協助你在醫療救援到達之前診斷出傷害的嚴重性：

頭皮

- 受到撞擊之處有瘀傷。
- 受到撞擊之處有小切口。

顱骨

- 在意外發生不久後有血液堆積在頭皮下面，意味著可能是顱骨骨折。
- 頭痛。
- 從鼻子或耳朵裡流出清澈或帶有血跡的液體。

頸部

- 頸部疼痛或僵硬。
- 虛弱感，或者手臂或腿部感到手腳發麻，這可能是脊神經受傷的跡象。
- 嚴重的頸部傷害可能會伴隨呼吸困難（導因於橫隔膜與胸肌的麻痺）。

腦部

- 頭痛、煩躁易怒、噁心與嘔吐可能是輕微的腦震盪（特別是孩童）。
- 暫時的失去意識有可能是嚴重的腦震盪，也許還會出現痙攣或是噁心。

引起原因

汽機車意外是頭部傷害常見的原因之一，倘若孩童沒有適當地被約束在安全座椅上，他們特別容易受傷。運動期間與其他娛樂活動中，頭部的意外撞擊或跌落亦為頭部傷害所常見的原因。

處理方法

在輕微頭部撞擊的病例中，觀察此人數個小時（定時檢查他們的意識狀態、心跳速率與呼吸速率）。如果沒有症狀產生，那麼傷害是輕微的，而且不需要處置，除了止痛劑或冷敷。

如果傷患呈現任何下面所描述的症狀，請求立即的醫療協助，不宜延遲：

- **如果傷患意識不清**，但是他們的呼吸與脈搏是良好的，那麼視為**脊椎受傷**來處理（詳見第74-75頁）。用雙手分別放在頭部兩側以穩定頸部，並且保持這個姿勢直到救援到達。
- 在不移動傷患頭部的情況下，使用乾淨的布料向傷口穩固地加壓，**堵住頭皮的出血**。
- 如果你認為顱骨可能骨折，那麼**不要直接施加壓力**在受傷之處。
- **不要移除任何傷口上的殘骸**。用消毒的紗布敷料覆蓋在傷口上，並等待醫療救援到達。
- 將冷敷包放在頭皮的瘀傷上面。
- 如果傷患在嘔吐，則不要轉動其頭部（以防有脊椎傷害）。將頭部與身體一起轉動，支持頭部與身體成相同的對應位置，以預防異物哽塞孩童。孩童一旦遭受到輕微的頭部傷害經常會嘔吐，但是如果有重複的嘔吐，又或是孩童變得嗜睡，則應連絡醫生。

禁止事項

- 不要移動傷患，除非有此必要。
- 不應企圖得到回應而搖動暈眩的傷患。
- 當跌落的孩童出現任何頭部傷害的症候時，請勿把他抬起來。
- 不應移除任何突出頭部傷口的物體。
- 如果已懷疑有頭部傷害，請勿移除機車騎士的安全帽（除非危及呼吸）。這其實需要兩個人來執行，否則有可能會加重頭部的傷害。
- 請勿清洗相當深或大量出血的頭部傷口。
- 請勿在遭受頭部傷害後的48小時之內喝酒。

注意事項

- 在嚴重頭部傷害的病例中，你應該隨時假定頸部脊神經已經受傷。確保傷患的頭部與頸部已經妥善地固定並且得到良好的保護，直到醫療救援到達。

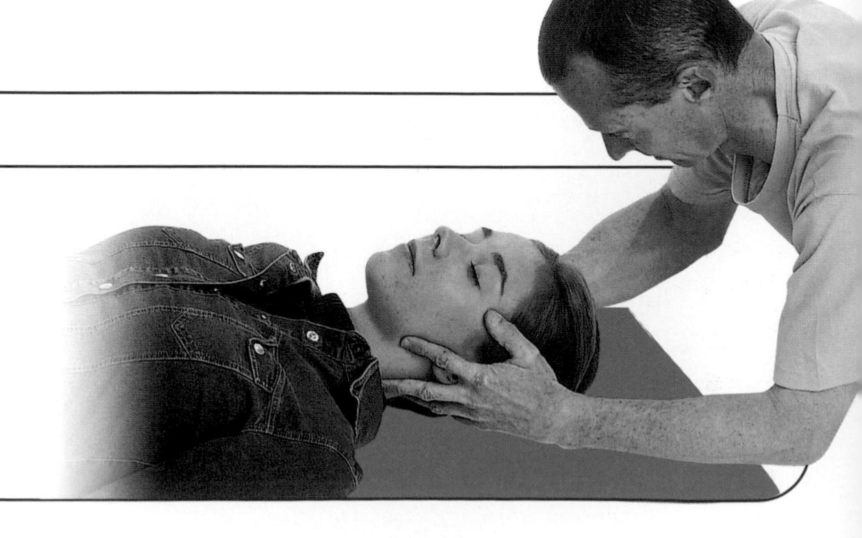

在所有上述的情形中，救援越快到達越好。在你等待的時候，檢查生命跡象（詳見第165頁），如果有需要，並開始給予**人工呼吸**以及**胸腔按壓**（詳見第27頁）。

預防措施

- 在乘坐汽車時，正確地繫好安全帶。
- 不要一邊飲酒一邊開車以減低危險。或者是你懷疑自己喝醉了，就讓別人載你一程。
- 當騎乘腳踏車、摩托車或馬匹，或是登山的時候，要配戴保護頭盔，而且在工地現場要戴合格的安全帽。
- 確保你的孩童在玩耍場所是安全的，並且在遊戲時監督他們。
- 如果在天黑之後散步或慢跑，穿著淺色的衣服使你自己更加明顯易見。

顱骨骨折

如果顱骨經歷嚴重的創傷，它會因為骨折而有可能導致腦部傷害，這可經由X光或腦部斷層掃描來加以證實。骨折會以多樣的形式呈現：

- 單純：頭顱破裂；沒有皮膚的損傷。
- 線狀：類似細線狀的裂縫，顱骨沒有碎片、凹陷、扭曲。
- 凹陷性：顱骨有壓碎的部分。
- 複合性：顱骨上創傷部位破裂含有碎片的骨折。

下顎骨折

需要相當大的外力才會使得下頜上方或下方部位發生骨折。然而，你應該懷疑發生這樣的傷害，如果：

- 你注意到顯著的牙床、口部底層或臉的下半部有腫脹或瘀傷。
- 傷患無法正常張開或閉合口部。
- 你注意到上下排牙齒無法正常咬和。
- 兩個或多個牙齒明顯移位。

處理方法

- 藉著讓傷患斜躺以確保呼吸道保持暢通，使得血液能自口部流出。鬆動的牙齒可以保留並且拿給醫生。
- 讓傷患用柔軟的布料輕柔地沿著下頜支撐住受傷的地方。
- 盡你所能地迅速帶傷患前往就醫。

鼻部傷害

鼻部的撞擊經常會引起不小的腫脹，與單側或雙側鼻孔少許出血。鼻骨的骨折通常起因於被攻擊，並且會引起嚴重的瘀傷與大量的出血。這樣的骨折僅能使用特殊的臉部X光。孩童鼻子的骨頭大部分是柔軟、易彎曲的軟骨，直到青少年初期階段，它們才開始因為鈣質而變得堅硬，所以幼童發生真正的鼻部骨折是不常見的。如果你懷疑有鼻部斷裂：

- 控制出血（詳見第38頁）。
- 使用冷敷包來控制瘀傷與腫脹。
- 如果必要的話，使用溫和的止痛藥。

當有下列情形，宜尋求醫療的判斷：

- 在腫脹消退之後，鼻子呈現扭曲狀。
- 單側或雙側鼻孔有持續或反覆的出血。
- 傷患任一側的鼻孔看來好像呼吸困難。
- 鼻孔的外部邊緣有撕裂傷。

處理方法

- 處理鼻部出血（詳見第88-89頁）。
- 使用濕冷的布鬆弛地靠在鼻子上以減輕腫脹。
- 如果你懷疑有更嚴重的傷害或骨折，確保你能儘快地將傷患送醫。

眼睛傷害 Eye injuries

失去視力幾乎會影響到你生活的每一方面，所以要將任何如果不處理便會失明的情況視為緊急事件，這包括從眼睛清除了異物，但是隨後還是感到持續的不適或疼痛。就是告訴你快去檢查眼睛！

眼睛的傷害可能起因於隨風飄揚的物體，還有包括了切傷、抓傷、燒傷或眼部的撞擊。化學傷害則多半因小滴化學製品濺入眼睛而造成，或從家用清潔劑、殺蟲劑、除草劑、溶劑、酸劑、鹼性物質等等；工作室尤其是危險的地方，因為小粒子可能會快速地飛進眼睛，不是穿刺進入就是嚴重地損傷其脆弱的表面；當運動傷害或打架時，眼睛周圍皮下的出血引起瘀傷或顏色變暗，可能會造成黑眼圈。這些雖然會隨著時間而消失，但是眼睛的傷害最好還是讓醫生進行檢查。

《症狀》

- 眼睛周圍的出血或瘀傷。
- 複視或失去視力。
- 發癢、刺痛或灼熱的眼睛。
- 瞳孔大小不相等。
- 紅眼（充血的眼睛）。
- 眼睛內部感到搔癢。
- 畏光。

小叮嚀

不需處方箋的眼藥水含有微量的血管收縮劑，應該僅使用於輕微過敏或眼睛刺激的病例。它們不適用於治療受傷的眼睛，或者當眼睛有感染的可能。

無論何時，當你使用電動工具，要穿戴塑膠護目鏡來保護你的眼睛，以預防鋸木屑或刨下的金屬薄片射進眼睛。當異物跑進眼睛時會造成令人不適的刺激，而且在某些病例之中會有持續性的損傷。如果你的確讓東西跑進眼睛，立即用清水沖洗，如果刺激仍然存在，則需要就診。

引起原因

- 眼窩受到撞擊。
- 異物跑進眼睛。
- 眼球本身受到傷害。
- 化學傷害。
- 內科疾病（即感染或青光眼）。

處理方法

物體在眼睛表面：

- 如果眨眼或流出的眼淚無法排除物體，那麼就去照明良好的地方，並且當傷患的眼球上下左右轉動時，檢查他們的眼睛，直到發現侵入的異物。
- 如果你沒發現物體，那麼輕柔地把下眼皮向下拉，暴露出眼瞼與眼球之間的皺折，上眼皮也一樣這麼做。
- 一旦你發現物體，輕柔地把它用清水沖洗出來或用濕的棉花棒擦拭；後者是最後選擇的方式，而且使棉花棒遠離瞳孔。
- 不要試圖移除嵌入眼球的物體。使用半個免洗塑膠杯，做成臨時眼罩，並且用藥膏貼布將眼睛上方的杯子小心固定（詳見右圖），以避免受傷之處惡化或感染。

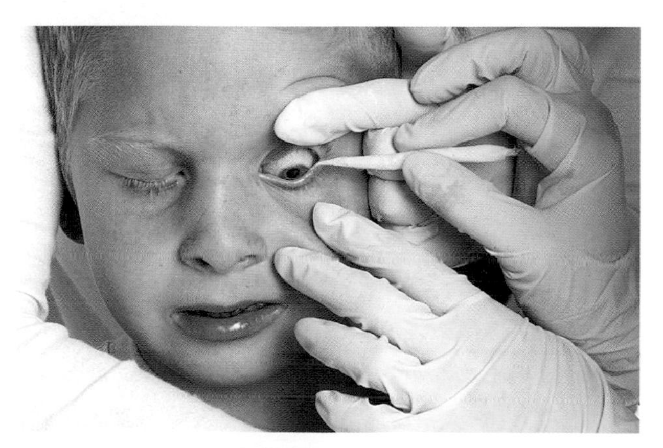

移除異物時，將乾淨的棉花球或一塊脫脂棉沾濕，抬起眼皮並且讓孩童眼睛往下看。

- 如果你無法找到或移除物體，而傷患仍然感到不適或視力模糊，蓋住眼睛並尋求醫療援助。

當物體嵌入眼睛：

- 不要對物體施予任何壓力或嘗試移除它，也不要讓傷患擦揉或觸碰眼睛。
- 如果是較大的物體，剪去紙杯或寶麗龍杯的底端，放置在受傷的眼睛上方，把它貼住定位（見下方圖片）。如果是小的物體，用乾淨的布料或是消毒的敷料把兩隻眼睛覆蓋住以防止眼球活動。
- 讓傷患保持冷靜與安心，直到醫療協助到達。

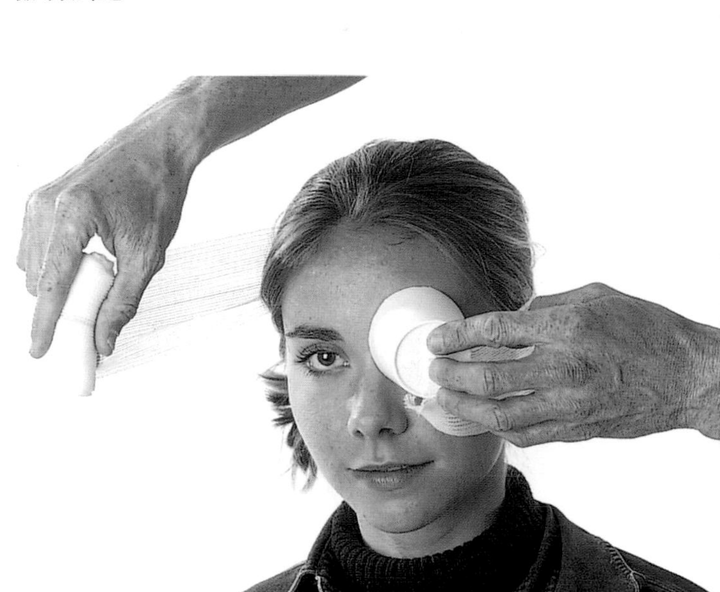

用紙杯包紮固定並保護受傷的眼睛，直到獲得醫療幫助。

眼睛受到化學傷害：

- 立即用自來水沖洗眼睛。讓傷患頭部轉動，使受傷的眼睛朝向側邊或下面，托住眼瞼保持張開，然後讓水流進或流過眼睛上方至少20分鐘或直到你得到醫療幫助。

- 如果化學製品跑進兩隻眼睛裡面，帶傷患去淋浴並使其頭部向後傾斜，讓眼睛保持張開。不要將淋浴用的水柱全部轉開，強大的沖洗力會增加眼睛不適。
- 僅於眼睛被沖洗後，再移除隱形眼鏡。
- 兩隻眼睛都用乾淨的敷料加以覆蓋，並且避免揉擦到眼睛。
- 尋求緊急醫療幫助。

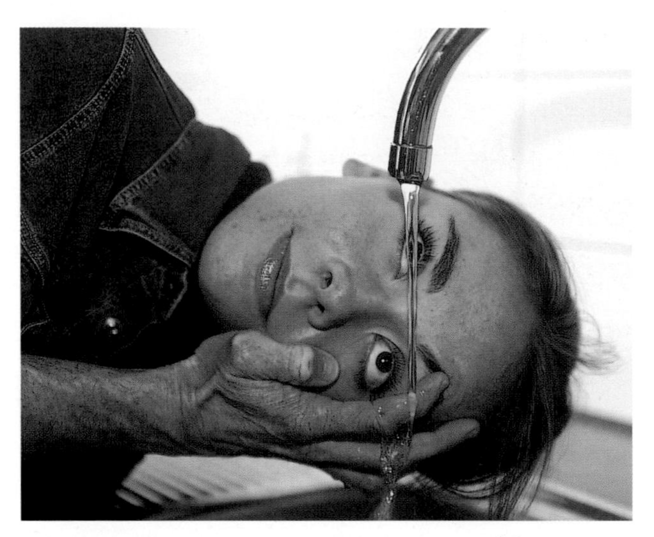

在化學傷害的病例中，用冷水沖洗眼睛至少20分鐘。

燒傷

- 輕柔地將冷水傾倒進眼睛與眼部上方（除非這樣會引起疼痛），以減輕腫脹並減緩疼痛。
- 在眼睛上放冷敷包，但是避免施加壓力。
- 如果眼睛裡面或周圍腫脹、眼睫毛或眼皮的皮膚燒傷以及任何視覺上的改變，都要尋求醫療的幫助。

眼部的刀傷、抓傷與撞擊

- 如果眼球受到傷害，則立刻尋求醫療協助。
- 不要對眼球施加任何壓力。
- 輕柔地放上冷敷包以減低腫脹，並且幫助止血，但是不要用施予壓力的方式來控制出血。
- 如果血液在眼睛裡面流動，用乾淨的布料或消毒過的敷料覆蓋雙眼，以減低眼球活動後，立即尋求醫療幫助。
- 眼瞼的小切傷（小於數公厘的長度），或許僅需要少的清潔與敷藥即可。然而，如果眼睛無法閉合，或大而深的切傷，又或是範圍超過眼皮邊緣的傷害，此時用消毒過的棉墊覆蓋眼睛，並尋求醫療照顧。

複視

這是眼睛受傷後所產生非常嚴重的症狀，因為它可能是由於眼球或精細的視神經移位所導致的。如果傷患抱怨“看到雙重影像”，則應尋求緊急醫療照顧。

瞼腺炎（又稱麥粒腫，俗稱針眼）

這是位於上、下眼瞼較低的邊緣位置，其微小腺體的感染現象，造成眼皮局部疼痛與紅腫。眼瞼炎通常會自動消失，但是如果疼痛一直持續不減，就要去看醫生。

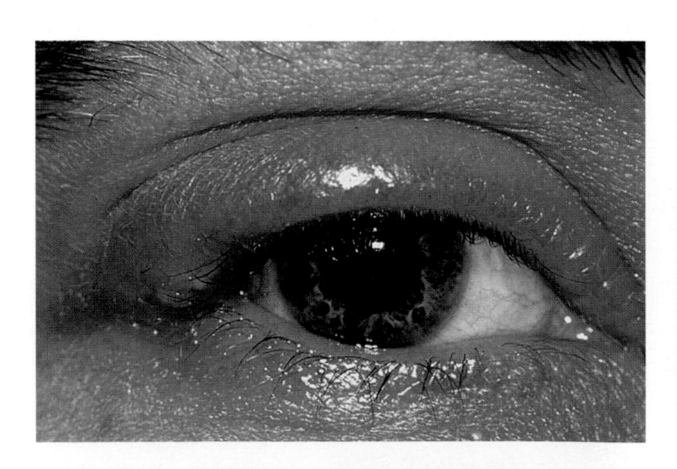

眼瞼炎是因為某根眼睫毛的毛囊出現發炎現象。這樣的情況，即使不是非常嚴重，也會讓人覺得很不舒服與不雅觀的。眼睛不但感到搔癢，而且眼瞼在活動時引起不適。可先冷敷發炎的眼皮，並且去看醫生。治療的方式是相當快速而有效的，可能包括擦眼藥膏或使用眼藥水。

X 禁止事項

- 避免任由傷患揉擦眼睛。這是對不舒服所做出的自然反應，但是可能使得情況更嚴重。
- 避免壓迫受傷的眼睛。
- 移除隱形眼鏡，除非腫脹的發生是快速的，或你無法及時獲得醫療幫助。
- 不應移除停留在眼角膜的異物（經由我們所看見清晰的眼睛表面），或是移除嵌入眼睛任何部位的物體。
- 不應使用乾脫脂棉、棉花或尖銳的工具在眼睛附近（例如鑷子）擦拭異物。
- 請勿對危險污染物造成的燒傷吹氣或咳嗽。

結膜炎（粉紅色／紅色的眼睛）

這是一種有關環境方面的過敏症或刺激眼睛的感染現象。結膜炎具有嚴重的灼熱感與紅眼特徵，眼瞼會有或無腫脹而且有黃色或綠色的分泌物。所有的眼睛感染都是嚴重的，並且應該儘速就診。在此之前，用冷水清洗眼睛，或為眼睛進行冰敷可幫助減緩不適。

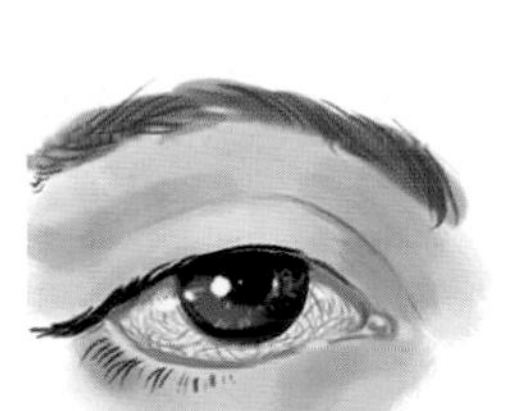

病毒性結膜炎也是普遍所知的“粉紅色眼睛”

細菌性結膜炎造成黏膩的眼睫毛

預防措施

- 在使用電動或敲擊工具（榔頭）工作的時候，要穿戴護具或安全護目鏡，以避免物體飛入你的眼睛。
- 僅在沒有起風的天氣下才使用庭院的噴劑，並在使用噴劑時穿戴護具。
- 在砍伐樹木或修剪灌木叢時，要穿戴護具，因為如果植物的汁液跑進你的眼睛，可能會引起嚴重的不適。
- 在工作時遇到會產生煙霧的有毒化學製品或任何其他物質，要在通風良好的地方工作，並且穿戴能密封住眼睛的護具。
- 避免與他人共用毛巾洗臉。

一個全罩式的防護面具不只能保護眼睛，同樣能保護臉部。

焊接護具可以阻擋亮光與火花對眼睛造成傷害。

發生以下情況應立即尋求醫療幫助

- 眼球出現刮痕或已經被異物穿刺。
- 化學製品濺入眼睛裡。
- 有持續的疼痛或噁心。
- 有視覺上的問題。

胸部傷害 Chest injuries

胸部的傷害一般分為兩類：刺穿或開放性傷口（皮膚破裂之處），以及封閉性傷口（內部傷害）。假使傷患感到嚴重不適或呼吸短促，那麼兩者都要視為嚴重的情形去處理。

引起原因

封閉性的胸部傷害是怎麼發生的呢？舉例而言，由於車禍使駕駛員的胸部撞上方向盤，或是當大的物體，例如輸送管或一段木材猛烈撞擊到傷患的胸口，這樣的車禍會對肋骨、胸骨、心臟或肺臟造成嚴重的損傷。

刺穿性傷害包括槍彈、刀傷或其他銳利物品造成的穿透。

《症狀》

封閉性胸部傷害

- 疼痛
- 呼吸困難
- 由於失去血液與氧氣而引發休克
- 在呼吸當中有胸廓畸形或異常的胸部起伏
- 挫傷

穿刺性胸部傷害

除了以上敘述之外，這些症狀也可能出現：

- 傷患吸氣時有吸入音
- 傷患呼氣時有泡泡
- 泡泡出現在傷口周圍的血液中

注意

- 如果傷害是由於不只一處的肋骨斷裂，使得肋骨斷片能夠自由地移動到某些程度，那麼胸壁的受傷部位有異常活動的傾向（當傷患吸氣時向內，呼氣時向外）。這樣稱為反常性胸部活動，而且會造成呼吸困難與疼痛。
- 在極端的案例中，傷害可能造成一側或兩側的肺部塌陷；這樣的情況稱為氣胸，會有生命危險，而且必須給予緊急處理。這可能出現在極微小的傷害之中，並且會自然地發生於肺部天生就虛弱或有缺陷的人身上（自發性氣胸）。

處理方式

第一步驟就是**呼救或叫救護車**。胸部傷害是醫療緊急情況。

- 如果你沒有密閉消毒的敷料可以使用，那就隨意拿起手邊任何一樣東西，例如乾淨的塑膠袋，或是包裹三明治的包裝紙，做成貼布覆蓋在傷口上，並且只貼住三個邊（詳見第67頁圖片），這樣**當傷患吸氣時就會形成封閉，讓更多的空氣進入胸部，並且在他／她呼氣時打開。**

- 如果你懷疑頭部或脊椎受傷，不要移動傷患。
- 如果你沒有理由懷疑頭部或脊椎受傷，將傷患支撐起來移成半坐臥姿勢，使他們輕柔地靠向患側，而未受傷的一側則處於較高的位置。
- 如果是嵌入的物體造成傷害（例如一塊玻璃），不要移動它，因為你可能造成更多的傷害。如果可能的話，用**滾筒狀繃帶**去支持嵌入的物體（詳見第86頁）。
- 如果大型的物體造成壓碎的胸部傷害，則在你等待醫療救援時，保持傷患固定不動。
- 鬆開緊身衣物，包括皮帶或腰帶。

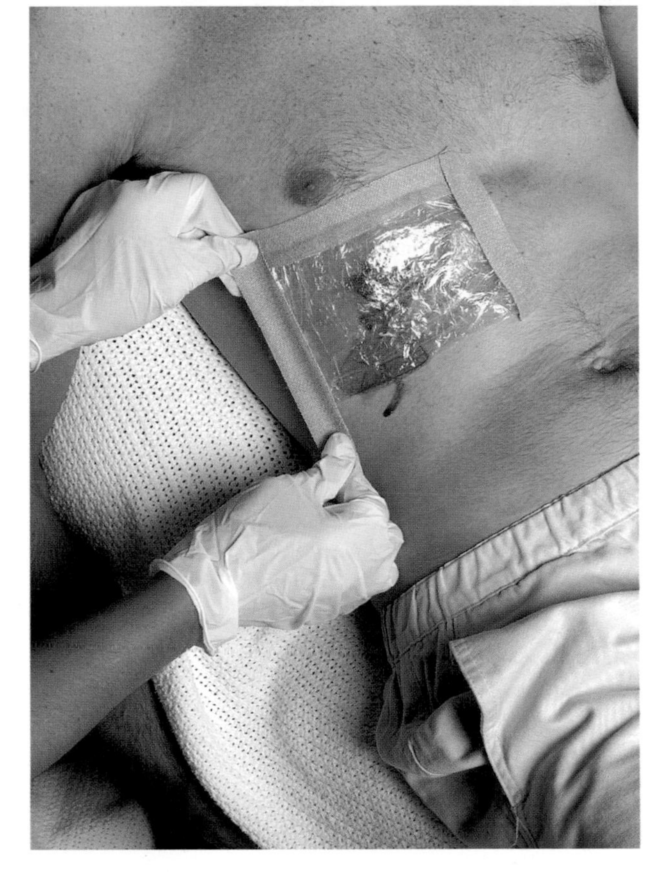

對於一個開放性胸部傷害，例如這個因為不幸跌倒而造成的穿刺傷，應貼住敷料的三個邊，保留一邊呈現開放的。

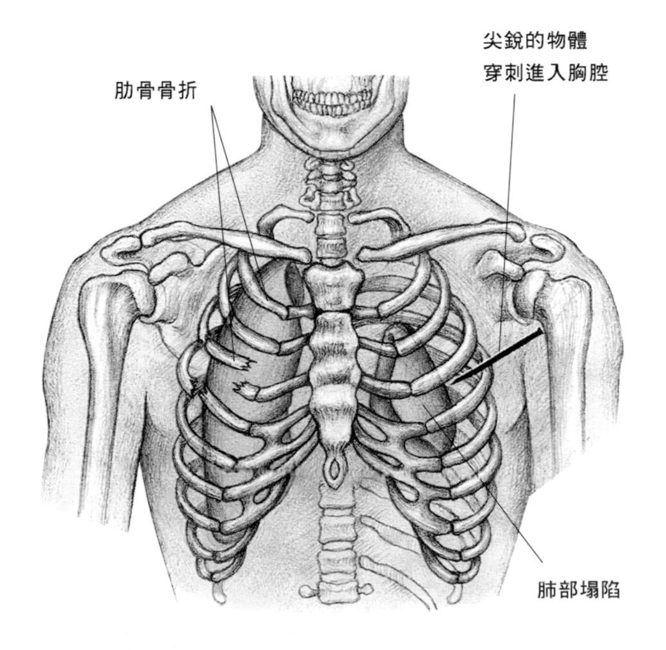

這個圖解描述出兩個胸部受傷的原因：右側是有肺部塌陷的穿刺性傷害，而左側則是骨折的肋骨。

X 禁止事項（亦適用於第38頁）

- 避免以止血帶控制出血。
- 避免抬起棉墊去檢查是否已經止血，或將被血浸濕的敷料加以替換。（僅需放置一塊新的棉墊在上面即可）。
- 請勿探查傷口或試著移除異物，例如刀子。
- 請勿試圖去清理大的傷口。這樣會造成更嚴重的出血。
- 請勿在你已經控制住出血之後，試圖去清理這個傷口。

骨折 Fractures

骨折指的是骨頭的傷害。斷裂是由於受到足以造成骨頭破裂或折斷的外力或壓迫。壓力性（應力性）骨折（Stress fractures）通常是細小地斷裂，發生於骨頭遭受到重複的壓迫。當斷裂的骨末端擦破皮膚與突出，或是貫穿的碾碎傷害時，會發生混合型或開放性骨折，混合型骨折必須立即處理以防感染。隨著年齡增長，我們的骨頭變得易碎，這就是為什麼老年人比年輕人更容易有骨折的傾向。

《症狀》

- 肢體活動時感覺受限與勉強
- 麻木與刺痛
- 劇烈的疼痛
- 挫傷
- 腫脹
- 無法負擔腿部的重量或使用手臂
- 明顯移位或變形的肢體或關節
- 合併出血或撕裂傷（開放性骨折）

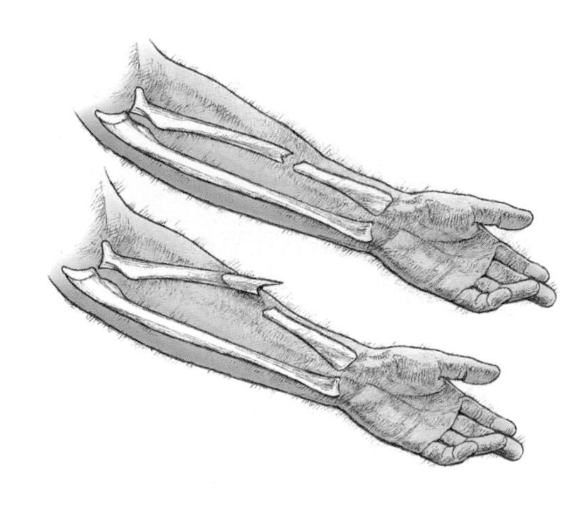

在封閉性骨折中（上方圖），骨頭沒有貫穿皮膚，相較於開放性或混和型的骨折（下方圖）。

引起原因

- 骨頭受到猛烈撞擊。
- 不管是從高處或滑面上跌倒。
- 汽機車意外。
- 過度的擠壓。
- 壓力性（應力性）骨折（stress fracture），例如來自於反覆的體育活動。

處理方式

- 在可能有骨頭斷裂的嚴重車禍病例中，首先**檢查傷患的生命跡象**。如果有必要的話，開始**復甦術**（見第22-37頁），並且控制出血（見第38頁）。檢查其他威脅生命的傷害，然後保持傷患靜止不動，提供安慰使其安心，並且請求醫療協助。
- **保持傷患溫暖**。抬高腿部大約30公分（12英吋），但是倘若頭部、頸部或背部疑似有受傷的情形，千萬不要去移動傷患。
- **在開放性，或混合型骨折的病例中**試著輕柔地洗去皮膚表面的青草、污泥與這一類的東西，但是不要探查傷口、對它吹氣或者讓它遭受的強力擦洗以移除殘骸。
- 在固定受傷部位之前（使用專門的固定板夾，

手肘以下的破裂性骨折

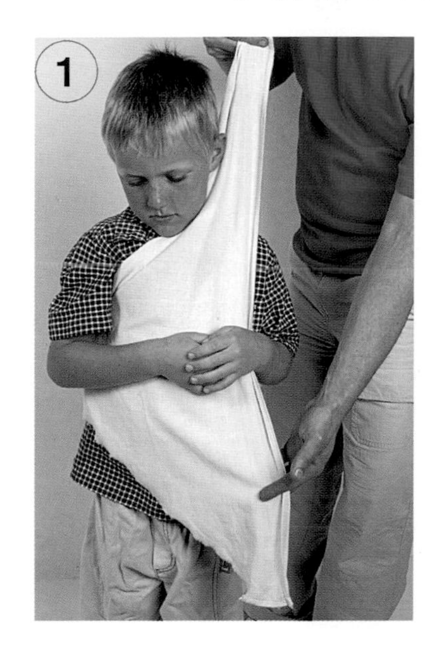

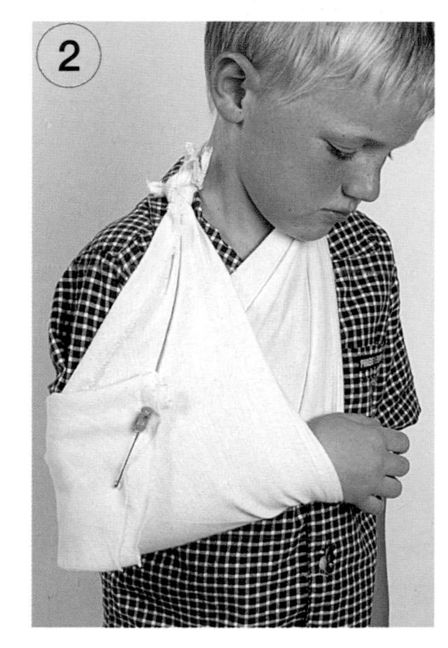

1. 當孩童支持著他受傷的手臂時，去準備一條三角繃帶。不管你發現手臂呈現什麼姿勢，隨時將吊腕帶或繃帶舖上。然後將兩端牢固地綁起，使得打結處不會摩擦頸部後方與引起不適。

2. 不要使手肘彎曲超過90度，因為骨頭的碎片會壓迫到剛好經過手肘前方的神經與血管，而且可能會干擾血流。同樣的理由，你永遠都不應該把任何吊腕帶或包紮用品，緊緊地環繞在手臂上的任何一點。

或是臨時用滾筒狀的報紙或一塊木頭），**用清潔的敷料去覆蓋開放的傷口**。使受傷的骨頭上下區域都固定不動，讓姿勢處於它最後的狀態。

- **檢查骨折處下方的循環仍然是良好的**。例如在手臂斷裂的病例中，用你的指尖壓在傷患的手指頭上面五秒鐘。此區域應該變得蒼白，然後放開，指尖在三秒內恢復它正常的顏色。如果沒有或是有麻木感，沒有脈搏並且呈蒼白或藍色的皮膚，表示循環不足。將骨折處固定在你發現時的位置，然後儘快帶傷患去醫院。
- 開放性骨折在出血，則覆蓋一條乾淨而乾燥的布在傷口上。**若持續出血，直接加壓**於出血處，注意不要在突出的骨頭端施予任何壓力。
- 儘快**呼喚醫療協助**。遇到腳踝或手臂骨折的病例，將傷患帶到急診室。

預防措施

- 當參與體育活動或娛樂時穿戴建議使用的護具
- 為孩童營造安全的環境，並且無論環境看來有多麼安全，都要適度地監督他們。幫助孩童學習如何自我照顧並教導他們基本的安全技巧。
- 當走在濕滑或結冰的表面上，要小心避免跌倒，並且注意觀察貼出的警告標示。
- 當上下樓梯以及搭乘電扶梯時，利用扶手。
- 確保在執行家庭的維修與園藝的工作時，梯子是牢固的。
- 有些人不願意使用手杖或行走輔具，但是失去尊嚴好過於要去應付肢體或髖部骨折的後果。

使用於手肘以上骨折的簡易懸吊腕帶

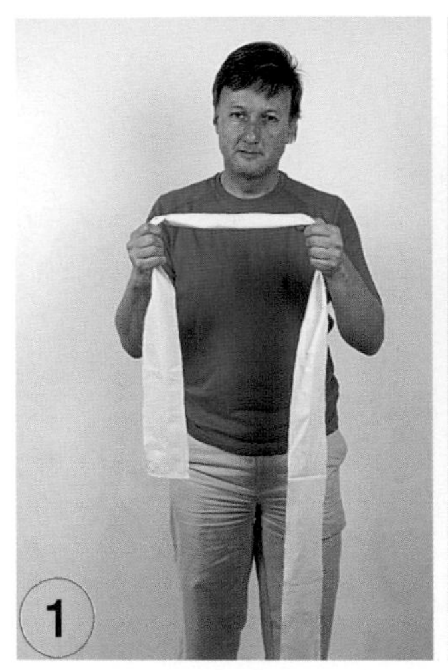

拿一條長度為1公尺(3英尺)的法蘭絨或亞麻布，以手握著遠離中心點的方式使得一端長，另一端短。

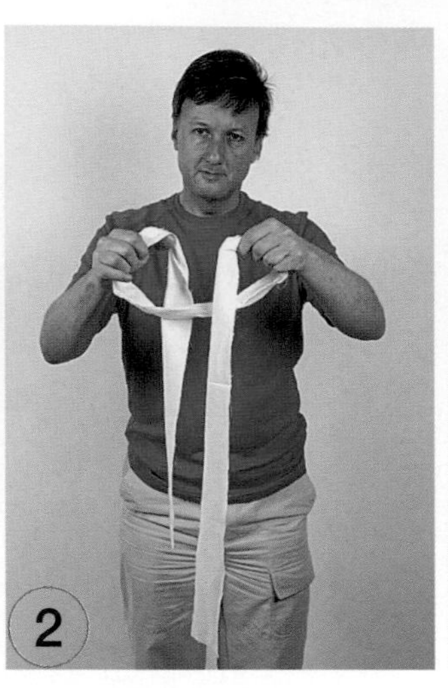

如圖所示，折出兩個圈環，以中央部分為準，長的一端放在後方，短的一端放在前方。

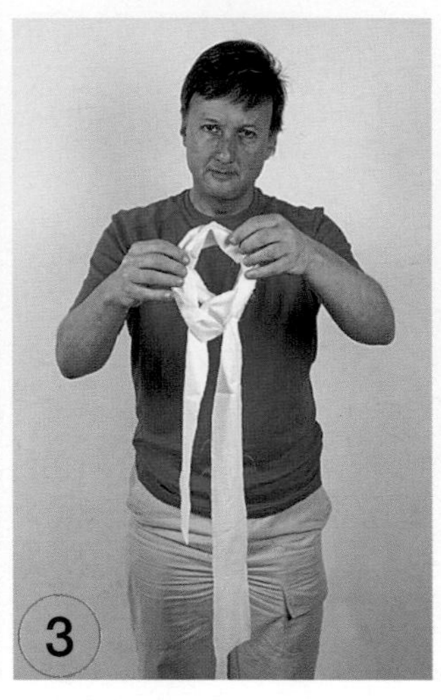

把兩個圈環重疊(把它們交叉在一起)，形成一個卷結(丁香結)。

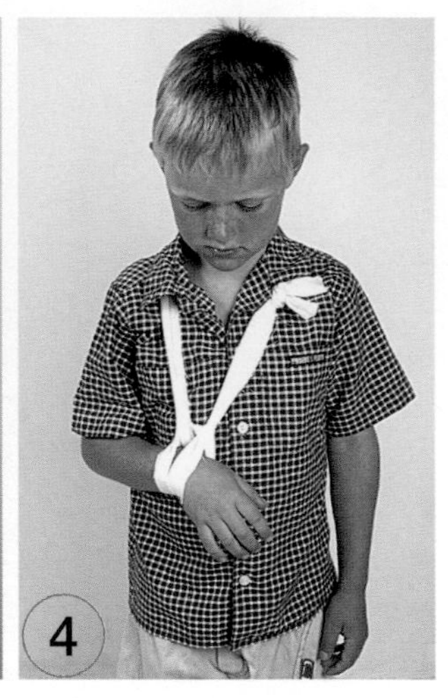

放置雙圈環在受傷手臂的手腕上，並且將兩個末端綁在一起。

另一種固定上肢的替代方法。使用一條三角巾與一條法蘭絨或亞麻布去固定受傷的手臂或是肩膀，直到傷患送入急診室。

禁止事項

- 不可在疑似頭部、脊椎或背部受傷的情況之下移動傷患。髖部、骨盆或腿部上半段骨折的病例中，僅在絕對必要的情形下才移動傷患(例如發生意外的路面緊接著是車禍的現場)。可藉著拖拉傷患的衣物去移動他們，不要經由任何可能也受傷的肢體。
- 請勿移動傷患，除非受傷之處已經完全固定好不動。永遠不要試著去復位疑似頸部脊椎的傷害。
- 請勿試圖去弄直變形的骨頭或關節，或者改變其姿勢。
- 不要為了得知失去功能的情形，而去測試變形的骨頭或關節。
- 不要給予傷患經由口部服用任何東西。
- 避免在四肢上使用止血帶加壓止血。給予直接的加壓即可。

膝蓋以下的破裂性骨折

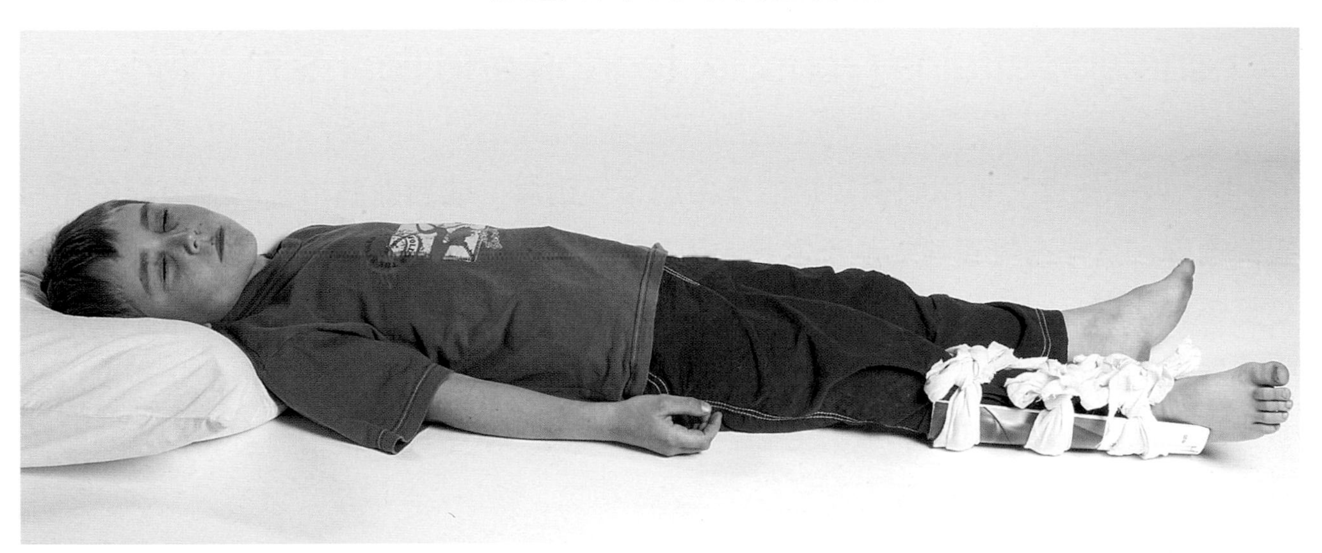

如果你已經叫了救護車，那麼簡單地用一個枕頭、一條滾筒狀的毛巾或毛毯去支持小腿。倘若你必須自行搬運孩童，你可以使用捲起來的雜誌、報紙或任何延伸至膝蓋以上與腳踝以下的堅固物體，去固定腿的下半部。足部受傷並不需要固定，特別是如果孩童幼小到足以讓你搬運。

止痛—骨折部位的疼痛絕大多數是由於斷裂的骨末端相互摩擦而引起。這種情形可藉由固定肢體，以及儘量避免傷患的移動。

膝蓋以上的破裂性骨折

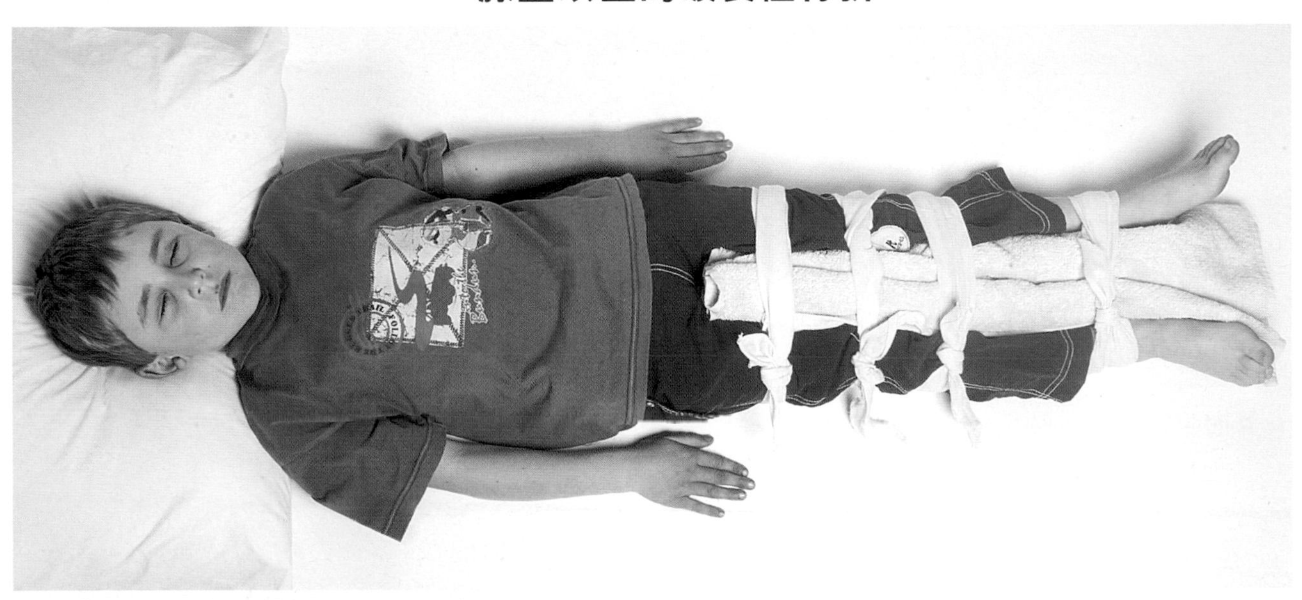

使用1公尺（3英尺）長的法蘭絨、亞麻布或OK繃以固定受傷的腿部。不要移動傷患，等待救護車到達，並且讓救護車上的工作人員去移動他。

扭傷與拉傷（肌肉、肌腱與韌帶傷害）
Sprains and strains (muscle, tendon and ligament injuries)

“拉傷”與“扭傷”這兩個術語指的是由於過分延展，或撕裂肌肉、肌腱與韌帶所引起的傷害。這些在青春期之前不常見，因為孩童成長中的骨頭比鄰近的軟組織更容易受到傷害。因此，孩童應該只有在藉由X光檢查而確定非骨折或關節受傷時，才會被診斷為拉傷與扭傷。骨頭已成長完全的成人受到鈣質的強化，以致於一個經常沉迷於各式各樣體育運動、鍛鍊與費力活動的人，其肌肉、肌腱與韌帶的傷害特別容易發生（亦見骨折，第68頁）。

《症狀》

- 受傷部位突然而嚴重的疼痛或痙攣。
- 受傷部位在任何程度之下活動會出現加劇的疼痛。
- 受傷部位上方即刻出現腫脹。這極可能是因為撕裂的肌肉含有豐富的血流，然而，瘀傷只在受傷後的幾天才會看得到。

引起原因

雖然處於休息的狀態，底層的神經衝動使得肌肉和肌腱維持半緊繃狀態，並且已經準備好對身體的需要而做出動作。

任何突發狀況，在肌肉或肌腱尚未做好準備的激烈活動，可能引起它們撕裂、流血、疼痛與失去功能。這樣經常發生在強而有力或接觸性的運動之下，或者是因跌倒而突然發生手臂與腿部過度延展，肢體非自主性的伸張或彎曲。

韌帶很短，它是介於鄰近骨頭之間的纖維狀帶，加強並固定了關節滑膜。它們可能因為在正常範圍下被強迫活動關節，因而拉長然後損傷。

極度劇烈的運動可能引起肌腱拉傷或撕裂。

如何製作冷敷包

1.將一條濕的手巾擰乾。

2.拿一個裝滿冰塊的袋子。

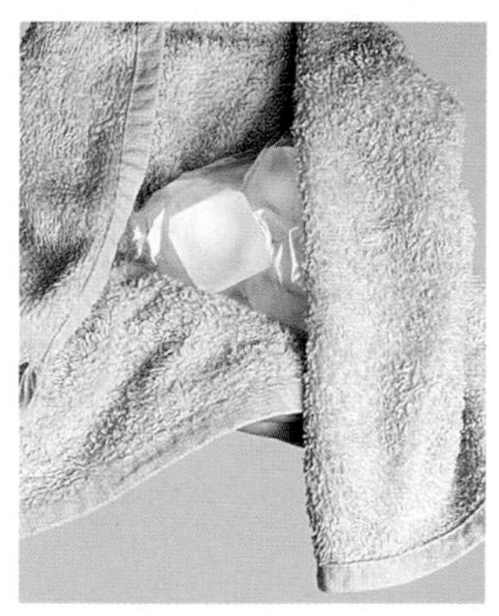

3.用潮濕的毛巾把冰塊包住。

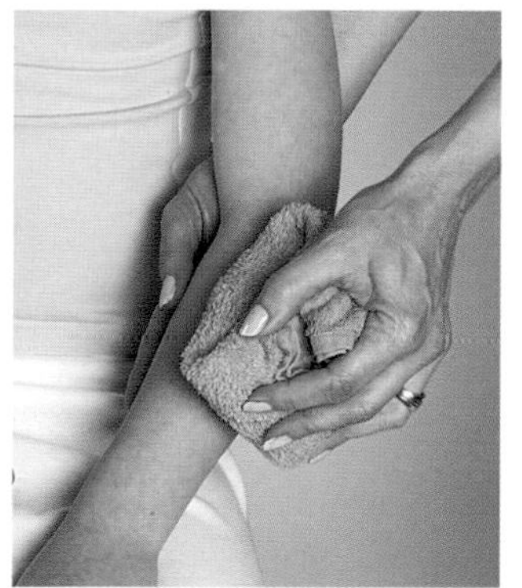

4.將冷敷包放在患處。

處理方式

- 讓傷患坐著或躺下。
- 按照**RICE**（參見詞彙表）的原則：讓患肢休息；給予冷敷十分鐘。必要時重複給予。抬高患肢，使用枕頭或滾成圓筒狀的衣物支撐，使它呈現最舒服的姿勢。
- **使用夾板**讓患肢的活動減至最小（詳見第68頁**骨折**）。
- 如果儘管使用了夾板，疼痛仍然持續著，可**給予醫師核可的口服止痛藥**。
- **尋求醫療照顧**以確認診斷，並且提供可靠的治療處置。扭傷與骨折可能同時發生，所以疑似這樣的傷害應該照X光。
- 不要因為擦了軟膏或乳液而延遲給予冷敷。面對扭傷，沒有比冰塊能夠更快地、有效率地使腫脹與出血降至最低。
- 不要只是使用彈性繃帶去處理扭傷或拉傷的受傷區域，因為這樣對於限制活動的作用不大。撕裂的韌帶或肌腱可能需要使用石膏繃帶，或者甚至是外科手術的修復來加以嚴密固定。醫生必須做出與傷害之正確處理有關的決定。

預防措施

- 運動參加者應該確保他們參與適合的運動。一位好的賽跑者，並不意味著你在網球這種強而有力的運動時，不會受到手臂或肩膀的傷害。
- 總是在鍛鍊或體育運動開始之前適當地暖身，並且小心不要在運動中著涼。
- 如果你在體育活動或鍛鍊的時候遭到扭傷或拉傷，在下一次要開始活動前，需要足夠時間去讓患處完全的復原。持續的惡化可能使較小的傷害轉變為嚴重傷害，重複性的傷害可能導致延遲或未完全復原，或者造成韌帶與肌腱永久性虛弱。一旦傷害痊癒之後，在恢復到你先前的活動力之前，要緩慢地開始並且逐漸增進活動量。
- 當在梯子上工作，或離地面以上的任何高度，確保梯子隨時是安全地放置，以防跌倒。

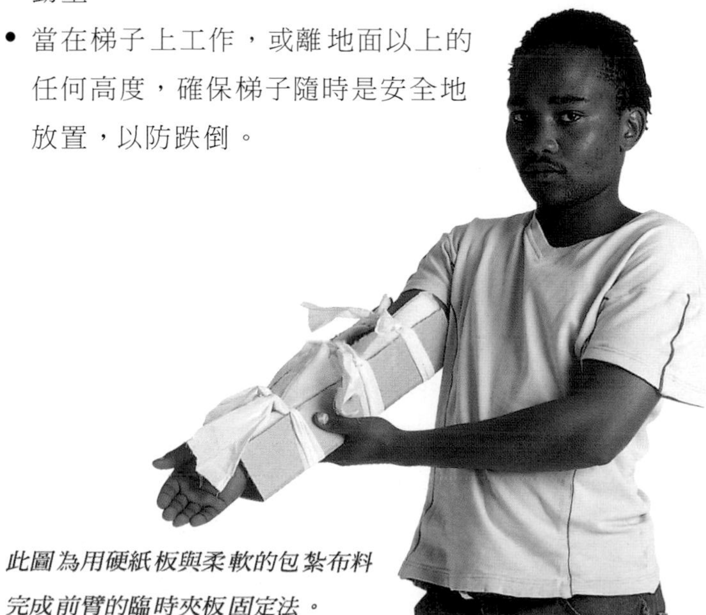

此圖為用硬紙板與柔軟的包紮布料完成前臂的臨時夾板固定法。

頸部、背部與脊神經傷害

Neck, back and spinal cord injuries

脊椎或脊柱有兩個重要的功能：它是所有動作發生的中心支柱，而且它環繞並保護著脊髓，脊髓是腦部與全身各部位的脊神經間的橋樑，負責來回傳導神經衝動，它這個功能在我們的受傷事件中最常被牽涉到。任何一個或多個脊椎骨的骨折或移位可能會壓迫、撕裂或切斷脊神經，引起身體在傷害層面之下部分或全身性麻痺。在給予急救時，隨時要考慮到脊椎傷害的可能性，並且採取預防措施，以避免使傷害更加惡化。

《症狀》

- 意識不清的傷患：先假定有脊椎傷害，特別是如果有明顯頭部的外傷。
- 有意識的傷患：可能會訴說背部受傷部位的疼痛；在頸部受傷的病例中，他們的頸部可能僵硬地偏向一方。
- 脊神經的損傷可能會引起在傷害層面以下全部或一些肌肉的無力，繼而產生一種麻木感。
- 頸部區域的脊神經損傷，可能會引起胸部肌肉與橫隔膜的麻痺，使傷患難以正常地呼吸。
- 脊神經傷害層面以下的血管失去其正常的狀態，以致血壓降低。這就是所謂的"脊椎性休克"，而且任何出現麻痺現象的傷患都應該加以懷疑。
- 嚴重的脊神經傷害可能影響膀胱功能。

引起原因

大多數脊椎受傷的年輕人是由於高速撞擊，例如車禍、接觸性運動以及從高處落下。然而，脊椎也可能在家中附近所發生的意外當中受到傷害，例如從樓梯上跌落或跳入較淺的游泳池。老年人可能從相當輕微的外傷中遭受到脊椎傷害，例如跌倒，這是因為他們的脊椎骨與椎間盤較易碎，並且較無法去吸收即使是輕微撞擊所產生的震動。

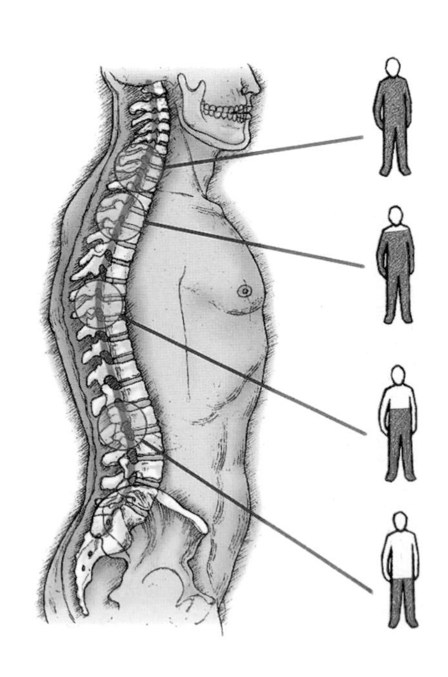

依照脊椎受傷的部位，影響著身體不同的部位。

處理方式

- **如果你懷疑有脊椎受傷發生，**立刻叫救護車或緊急服務。
- **如果傷患沒有意識，**評估ABC（詳見第22-23頁），如果有必要的話，開始著手進行**復甦術**（詳見第22-37頁）。
- 如果給予復甦術，用捏住鼻翼的同一隻手去穩固頸部。**儘量將頸部維持在原本的姿勢。**
- 如果有第二個人協助你進行急救，他們應該在你進行復甦術時用兩隻手去穩定頸部。
- **一位有意識並且有呼吸的傷患，但是訴說著頸或背部疼痛，**應該保持背部在上，直到醫療服務到達。使用牢固而沉重的物體來支持頸部，例如在頭部兩旁放磚塊。如果沒有固體可以使用，則用你的手輕柔但牢固地持續支持其頭頸部。

注意事項

- 不要給傷患任何食物或飲料，當他們有嘔吐的可能時。
- 當傷患躺著而身體呈現歪曲，不要試著把其脊椎弄直；你可能會造成更多的傷害。
- 當抬高腿部以處理休克時要絕對地謹慎，特別是如果骨盆或下背部可能有受傷的症狀，這時抬高腿部可能使傷害惡化而且引起劇烈疼痛。

預防措施

- 任何八歲以下的孩童在靠近水邊時應該有成人的監督。
- 勿准許孩童跳入水池中，或任何深度不明、有不明物體的水中。
- 在家中自己動手DIY時，確保你的梯子是在良好的維修狀況之下，牢固地將其擺放在平坦的地面，並且有足夠的長度得以安全地進行手邊的工作。
- 當老年人通過不熟悉的地區，尤其是階梯或樓梯，應該加以護送或使用行走輔具，特別是視力不良或步伐不穩者。
- 在接觸性運動，例如英式橄欖球、美式足球與冰上曲棍球，如果團隊間適當地配合，而且裁判員嚴格地實施遊戲規則，那麼頸部傷害就會有較小的發生機率。

如果頸部僵硬地偏向某一個位置，讓它保持原狀。放置沉重的物體在頸部兩側用來小心支撐頸部，直到病患完全醒過來。不要將他／她僵硬的頸部勉強拉直，如此可能會使傷害加速惡化。

居家照護篇

當輕微的病痛發生時，在家中如能提供有效的急救護理就可以讓你省下跑一趟醫院或診所的必要。在本節當中，我們將教導一些有關居家照護的基本技巧及技術，並同時運用儲備齊全的急救箱，將能使你有自信地處理小範圍的緊急狀況，你也同時能夠學習到哪些症狀是嚴重到需要醫療協助的。

在家庭成員當中，年輕幼小以及年長的家人是最容易受傷，並且也是最容易因病痛而焦慮不安的。本節涵蓋了一小部分的孩童問題，但因為每個孩童對相同疾病所產生的反應都不盡相同，我們在此建議的問題處理方式之範圍因而有限。由於其所產生之病狀會有所不同，因此，如果對居家照護的適當與否及判斷結論產生疑慮，我們極力主張施救者應儘快尋求醫療諮詢。

照料幼小孩童的受傷狀況需要耐心及鎮定沉著。有些人因過度憂慮而導致對於急救護理有所遲疑，並且顯得猶豫不決。在這樣的情況下，需要審慎的態度來增加自己的勇氣，同時也應該尋求額外的醫療協助。

年長的家庭成員則是由於視力衰退、骨質疏鬆及不穩定的步伐，以致於容易受傷，有時會需要固定持續請家庭看護來照顧。在本章的最後一節當中，我們會提供一些實際上可運用的每日居家照護，以及看護身體孱弱的年邁者之建議方法。

第三章節

胸部疼痛 Chest pains

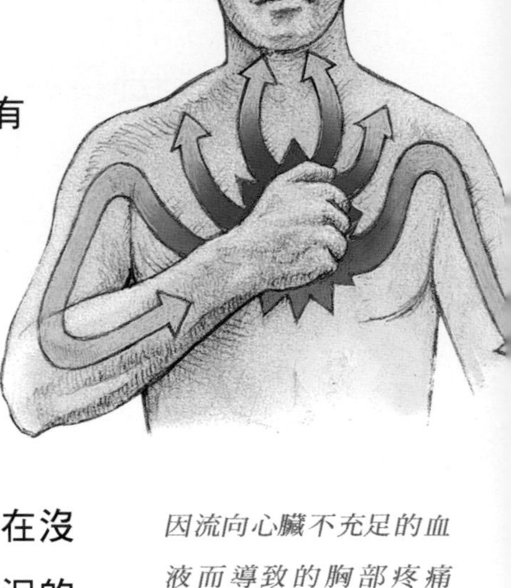

因流向心臟不充足的血液而導致的胸部疼痛（心絞痛）現象，疼痛會從胸部採輻射狀延伸到頸部及手臂。

並非所有的胸部疼痛均意味著心臟病發作，但是有系統、有條理的急救，將能夠幫助你了解胸部疼痛的症狀是否為生命受到危害、需要緊急急救的信號，同時知道該如何處置此類症狀。胸部的疼痛並不是一般會發生的症狀，但當它發生在成年人身上，特別是那些有心臟疾病的家族病史，或是已出現高危險群症狀（如：高血壓或抽煙）的傷患而言，就極有可能是某種疾病產生或惡化的症狀。在沒有任何警訊產生前就發生的胸部疼痛，可被視為是一些情況的徵候，此疼痛的重要性及意義不僅依疼痛的嚴重程度而定，同時也依照關聯性症狀是否存在而定（請見下方說明）。

《症狀》

以下的胸部疼痛案例都應立即尋求醫療幫助。

- 激烈且長時間的疼痛發作，不能因稍作休息而緩解，或甚至導致**休克**（見第40頁）的情況，即顯示有心臟病發作的可能性。
- 發生在上胸部或背部極為刺激且突然的疼痛，如伴隨著休克症狀，即可能是因主動脈疾病而導致的漏血現象。
- 由身體過分使力，或精神壓力而引起胸骨受到強烈壓迫或類似重物施壓的情況，即有可能是心絞痛的徵兆。
- 在胸壁的任何部位發生刺痛性疼痛，且會因深呼吸或咳嗽而情況惡化者，這種情況可能是因胸腔內的炎症所引起的，特別是當傷患同時有輕微發燒的時候，此可能性越大。
- 發生在下胸部的灼熱疼痛，特別是在飯後發生的疼痛者，顯示即有可能患有與裂孔性疝氣（hiatus hernia）有關的酸逆流症狀。通常可使用解酸劑獲得緩解。
- 嘔吐的持續或猛烈發作後，發生在下胸部尖銳刺激的疼痛，特別是嘔吐物當中有血絲的時候，可能意味著食道內層中有撕裂傷。
- 當吃固體食物時突然且深深地感到不舒服，有時會伴隨著呼吸困難及過量的分泌唾液，這種情況可能是因不正常或延遲的腸道蠕動（腸道的正常運作），或者是在中或下腸道部分的食物遭碰撞擠壓所致。
- 如果胸部的疼痛是因胸壁遭到傷害而造成（無論是尖銳或鈍物造成的傷口），應遵循於第66頁之**胸部傷害**的建議方法來進行緊急急救措施。

引起原因

- **心血管**：胸部疼痛可能意味著心臟缺血（心絞痛）、早期或進展期的冠狀動脈病症、心臟病發作、心肌發炎（心肌炎）、心包炎或者是來自動脈中血液的漏損。
- **呼吸系統**：雖然胸部疼痛很少是因肺部或氣道感染所引起的病徵，但是當呼吸時感到嚴重的胸部疼痛可能是感染擴散到肋膜（覆蓋於肺部及胸腔內層的薄膜）所致。
- **消化系統**：胸部疼痛可能是因為胃酸倒流，並且進入下食道（食道、咽喉）的情況所引起，是一種在裂孔性疝氣（hiatus hernia）傷患身上常見的症狀。僅僅是吃得太急促就有可能使得固體食物在中下食道造成擠壓，同時產生暫時的疼痛及不適。任何原因的反覆性嘔吐都有可能會造成脆弱的食道內壁的撕裂傷。
- **胸壁**：胸壁的肌肉可能會因身體過度用力而撕裂或扭傷，造成即刻不舒服或幾小時的胸部疼痛。某些類似流行性感冒的病毒會造成肋間肌肉（在肋骨之間）發炎，在炎症的其他症狀消失二到五天後，會產生呼吸上局部刺激的疼痛。

處理方式

雖然以上的資訊可以建立起造成胸部疼痛因素的觀念，不過急救的重點在於辨識、發現哪些原因（主要是心血管的因素）是有生命危險，能夠儘速請求醫療協助，並在等待醫療協助到來之前，提供的有效護理步驟。

如果你懷疑傷患有心臟病發作的跡象，在救護車或是醫生抵達之前，你可以：

- 給傷患可溶解性止痛藥，放在傷患的舌下使其慢慢溶解。

X 禁止事項

- 不可給傷患服用規定心臟用藥以外的藥物。
- 除非去叫救護車，否則切勿留下傷患單獨一人而離開。
- 避免不給予任何措施，僅僅只等待症狀消失。

發生以下情況應立即尋求醫療幫助

- 當傷患喪失意識或停止呼吸時，進行復甦術（詳見第22-37頁）並持續直到醫療協助人員抵達。
- 傷患出現任何休克的症狀（詳見第40頁）或其他呼吸困難的情況者。用具保暖性的毯子來覆蓋傷患，以免體溫下降得太快，直到醫療協助人員抵達。要保持鎮定，如果需要的話，儘量安撫焦慮不安的人（如同伴等）。
- 當已知病患為心臟病發作或曾經有發作的病史者。
- 如果身體使力後出現疼痛現象，並有原發性心臟病發生的可能，且在休息之後症狀未獲改善者。
- 當疼痛發作後出現咳血或嘔吐中含血絲的時候。
- 如果傷患已患有心臟方面的病症並持有治療性藥物，提供服藥的協助（通常藥片／藥丸為置於舌下）。疼痛應該在服用藥物及休息後三分鐘以內獲得紓解，之後立即請求醫療協助。

預防心臟疾病

做到以下事項，可以減低心臟疾病的風險：

- 避免抽煙。
- 保持符合自己身高的體重範圍。
- 維持均衡、低脂肪的減重方式。
- 節制飲酒量。
- 保持每週三次、一次至少20分鐘的運動習慣。
- 四十歲以上者，應維持每年一次的健康檢查及血膽固醇測量檢查。
- 如果有心臟病的家族史，三十歲以上者應維持每年一次的健康檢查。

普遍的心臟疾病

- **心絞痛（angina）**為流到心肌的血液供給不充分而引起延展至頸部、肩膀或手臂的疼痛，並會伴隨著突然性的疲勞、呼吸短促或心悸。心絞痛通常多休息就能獲得改善，或將硝酸鹽類的愛速得錠（isordil nitrate）含於舌下。
- **裂孔性疝氣（hiatus hernia）**是胃的基底部進入到胸腔。這種普遍的症狀可靠減重、藥物或進行"鎖孔（Key-hole）"外科手術獲得改善。如果飯後或因日常的飲食習慣產生變化而持續出現此症狀的時候，應詢問醫生解決之道。
- **高血壓（hypertension）**持續性高血壓會使得心臟及血管被拉緊緊繃，而使其器官慢慢地長時間受到損害。由於沒有預先的病徵，因而被稱為無聲的殺手。

規律的運動如散步或慢跑，可塑身並減低心臟疾病發生的風險。

中風 Stroke

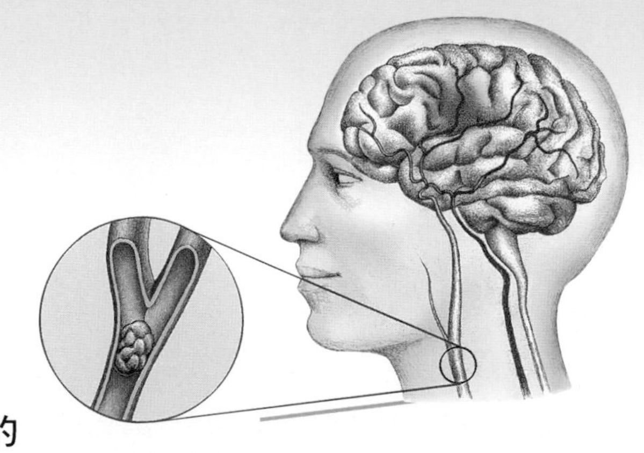

中風是在許多已開發國家當中造成死亡的最主要病因，並會導致倖存者患有重大殘疾，同時亦稱為腦血管意外。中風可由腦中動脈的出血（腦血栓形成的過程），或當動脈硬化症的血小板（脂肪沉積物及血凝塊）從身體的另一個部分移動而來，並阻塞於供給血液到腦部的頸動脈時（見右圖）而造成。因此中風是一種供給血液至腦部各部位時的障礙情形。如果障礙維持超過幾秒鐘，則腦細胞會死亡而導致永久性的損害。

《症狀》

中風的症狀端賴中風及腦部受損部位的嚴重程度而有所不同。有些人甚至沒有察覺他們已經歷過輕微中風。在其他傷患當中，中風及腦部受損等兩方面的症狀以及長期影響的後果均是較嚴重的。通常來說，中風會突然地出現症狀，如下所述：

- 身體某部位失去行動能力（麻痺、癱瘓）或協調功能，包括臉部。
- 麻木、虛弱、四肢失去知覺或感到刺痛，特別容易發生在身體的某一側。
- 頭昏或暈眩（行為感覺），可能導致摔倒、跌傷。
- 視力減退，眼球不受控制。
- 分泌唾液或吞嚥上的困難。
- 喪失辨識某種刺激的能力。
- 說話發音含糊不清，或喪失說話能力，以及無法了解說話內容。
- 改變意識狀態（譬如： 想睡或愛打瞌睡，進入昏睡狀態或昏厥）。
- 喪失記憶。

引起原因

一般來說，中風源自動脈硬化症。脂肪沉積物及血凝塊聚集在動脈管壁上，並且長時間堵塞越來越多的血流而導致的症狀。如果沉積物在形成的地方停留並阻塞血管，這種情形就稱為“血栓”。如果血栓遭到破壞而在他處血管中造成阻擋，則稱為“栓子”。

心臟功能失調諸如不規律的心律搏動，可能會引起中風、腦部缺氧或缺血。如危險因子如糖尿病和高血壓，也可能會引發中風。

雖然通常來說男性屬於較高風險群，某些因素會增加三十五歲以上的女性罹患中風的機率。不過明顯地，大多數高危險群為長期抽煙、服用避孕藥或是其他會促使血凝塊產生的藥物者。

處理方式

如果傷患沒有喪失意識，或症狀只短暫出現時：

- 安撫傷患情緒。
- 避免傷患身體上的使力；使傷患保持著沉著穩定態度並監聽其心跳。
- 勿提供任何藥物，無論是否是規定之處方用藥。
- 觀察傷患情況直到症狀完全解除。
- 儘快尋求醫療指示。

如果傷患喪失意識、呼吸困難者或無法移動時：

- 立即請求醫療協助。
- 檢查傷患氣道（除去鬆動的假牙、食物或其他口中之阻礙物）。
- 如果傷患沒有呼吸，進行**復甦術**（詳見第22-37頁）並持續進行直到醫療救援抵達。
- 確認所有已知的、關於傷患情況及定期服用藥物等情報，經由急救人員帶往醫院。
- 勿給傷患任何食物或飲料，因傷患的吞嚥能力可能無法運作或癱瘓，有被吸入肺部的危險。

預防措施

健康的生活形式及修改生活習慣，如減低飲酒量、避免吸煙及適度運動。使用規定如高血壓、糖尿病或高膽固醇等治療藥物。若年齡超過四十歲，則須確認每年進行身體檢查。如果本身家族中有高血壓、糖尿病、高膽固醇、心臟病發作或中風等病史，則更應儘早開始每年例行檢查。（同時見預防心臟疾病第80頁）

預防感染 Preventing infection

一旦人類身上的保護性皮膚屏障因故失常或遭到損壞之時，細菌便會開始入侵人體，這時就有受感染的風險。為了防止被感染，必須確認傷口是完全清潔的，且所有病菌及髒物已經使用抗菌稀釋液除去。至少48個小時以內應盡力避免新傷口接觸水分。除非弄髒了包紮敷料，否則無須每天更換包紮傷口的紗布／繃帶；因為在任何時候，經常性更換包紮敷料反而會影響傷疤的生成以致延遲傷口痊癒的進度。保持清潔及未受損傷的紗布／繃帶可於七天後拆除，並只有當傷口處仍未長出新肉前才需要更換紗布／繃帶。當紗布／繃帶染血或破掉的時候，則須迅速更換以避免感染。

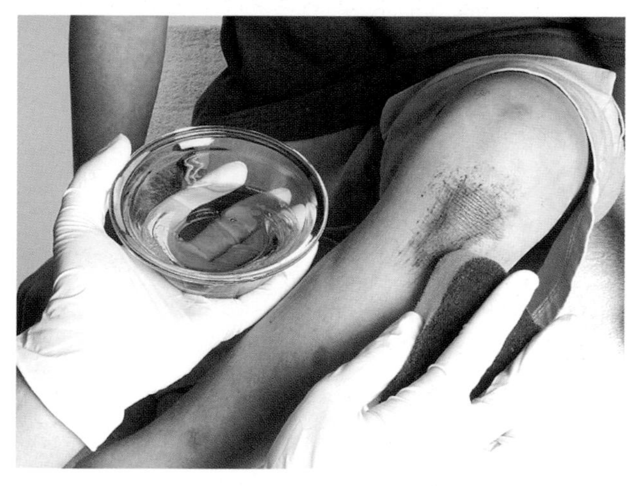

為降低受感染的風險，應使用溫和的抗菌溶液來清洗所有傷口。

小叮嚀

進行急救步驟之前務必清潔雙手。為免受感染的風險，當處理過程中會接觸到血液或體液的時候，應配戴外科手術用手套。

處理方式

- **止血**：許多小傷口會自行止血。更嚴重的出血狀況可用乾淨的紗布／繃帶或布料花幾分鐘以直接加壓止血法來控制血液避免繼續流出。使用清水及稀釋抗菌溶液來清洗所有破皮的傷口，即使用肉眼認為傷口是乾淨而不必清洗的，但實際上髒物仍存在，所以傷口務必要經過清洗過程。受傷部位如果在四肢，則應以冷水清洗兩分鐘；如果受傷部位在身體其他部位，可用沾滿抗菌溶液的紗布加以擦拭清潔。

- **清潔**：在清洗之後仔細除去傷口上所有髒物及看得到的異物，用沾滿抗菌溶液的柔軟海棉溫柔但切實地清潔傷口，然後用醫療用鑷子或鉗子來撿除其他剩餘的髒物。若皮膚內層因受傷而被掀開，則須先充分清洗並清潔暴露在外的肌膚內層，若傷口中仍嵌插有難以清除之物體或髒物，即需要使用麻醉劑之後再進行清除，這種情形之下，應先用乾淨的紗布或布料包覆傷口之後，儘快前往最近的醫院或急診室。

包紮傷口

紗布／繃帶等包紮傷口的醫材，應能夠保護新傷口遠離再度傷害及感染的危險。微小且不會大量出血的傷口如切傷及擦傷可不用進行包紮，僅僅擦上抗菌軟膏或乳霜即可，也可使用黏性藥用膠帶或OK繃稍作包紮。

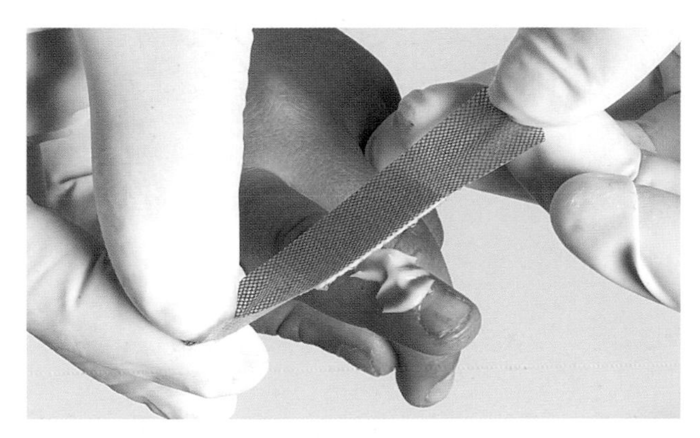

最輕微的傷口僅需要擦抗菌藥膏及OK繃即可。

所有包紮傷口的醫材由兩個要素所組成：無黏性護墊或紗布用以覆蓋傷口處，穩固的繃帶或有黏性的膠帶來固定紗布在傷口處。注入石膏的紗布（如Jelonet品牌）可多方面運用在破皮或燒燙傷的傷口包紮上，單片石膏紗布運用在多數傷口上也都十分有效。

X 禁止事項

- 不可使用棉製或羊毛製品來包紮破皮／露肉的傷口，因為這些包紮用品的纖維會黏附住傷疤，使得拔除時造成傷口十分疼痛。
- 不可使用粉末狀物質、食物、調味料或家用清潔用品於傷口上。應該使用推薦可用來治療傷口的藥物，或完全不使用藥物。

發生以下情況應立即尋求醫療幫助

- 傷口在受傷後六小時以內未被清洗及清潔者。
- 傷口出現感染症狀：傷口周圍肌膚紅腫、傷口疼痛程度增加、流出黃色膿體者。
- 傷口為穿刺傷，特別是被動物或人類咬傷的傷口時。
- 傷口需要縫合時。
- 出現於腕部下方的穿刺傷（有傷及肌腱及神經的風險）者。
- 出現於嘴唇或眼部的傷口。
- 出現在眼睛四周的挫傷。
- 實施過直接加壓止血法（見下方圖示）之後，傷口仍然流血不止。

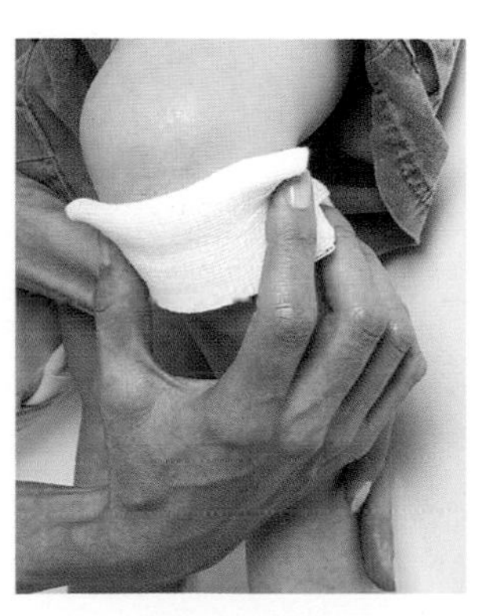

將一塊紗布置於傷口上

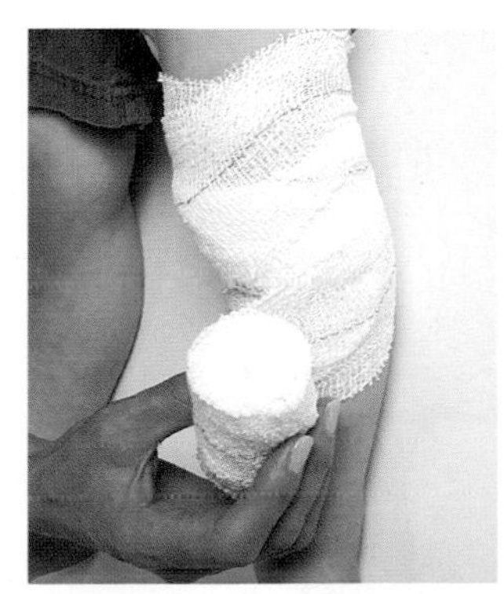

然後用繃帶包覆使其固定住

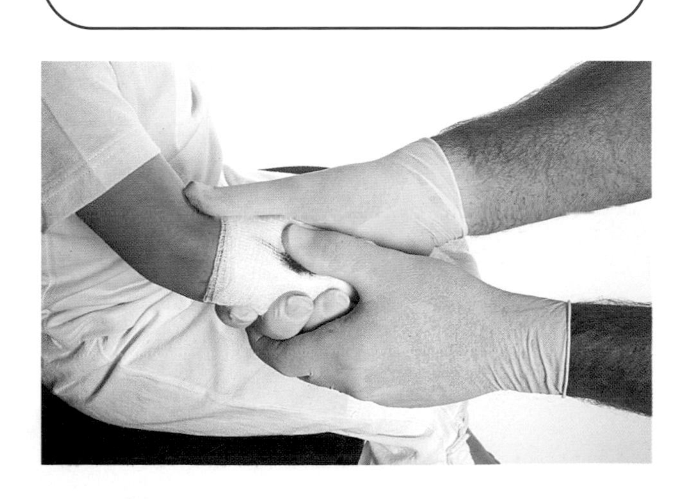

切傷、擦傷、瘀傷、撕裂傷

Cuts, grazes, bruises and lacerations

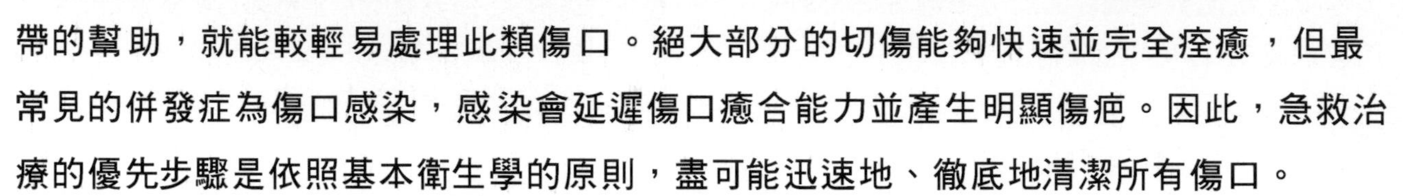

切傷、擦傷、瘀傷等是每天常會發生的，且特別容易發生在孩童身上，不過只要在家中有抗菌清潔劑、包紮用具及繃帶的幫助，就能較輕易處理此類傷口。絕大部分的切傷能夠快速並完全痊癒，但最常見的併發症為傷口感染，感染會延遲傷口癒合能力並產生明顯傷疤。因此，急救治療的優先步驟是依照基本衛生學的原則，盡可能迅速地、徹底地清潔所有傷口。

《症狀》

切傷、撕裂傷及穿刺傷：

這些傷口有可能是完整的切口或是粗糙破爛不整的情況。特別是較深的切傷口，如果不適當地清潔，很容易有感染的危險。疼痛、傷口浮腫及流黃膿等都是受到感染的特徵。

擦傷：

被削去的皮膚部分十分疼痛且呈現暗粉紅色或紅色。流血狀況則依擦傷涉及的皮膚深度而有不同。根據造成擦傷的表面有無被削去任何物體，來評斷受傷的皮膚當中是否可能嵌埋著髒物。

瘀傷：

新造成的碰撞瘀青是非常敏感一碰就痛的，且可能會造成皮膚下浮腫現象。瘀青傷口由紫紅色轉為綠色，最後變成黃色的痊癒時間約為五到七天，約十天內瘀青情況可以完全消失。

切傷、擦傷的處理方式

- **清洗：**用溫和的肥皂及溫水或溫和抗菌溶液及水來除去任何表面傷口（只傷及表皮的傷口）上明顯細小物體碎片或髒物。
- **處理擦傷（不用於切傷）：**以生理食鹽水沖洗後，使其**乾燥再以消毒藥水擦拭，並敷塗抗菌軟膏**，用貼布或是消毒過的紗布包紮傷口。
- **處理切傷：**輕輕拍打傷口之後，用貼布或是消毒過的紗布包紮傷口。
- **切勿探查**被異物或碎片深嵌入皮膚的傷口，自行以細針探查可能會讓傷勢更嚴重，最好是不要亂動傷口並立即尋求醫療處置。
- 如果肌肉、組織或骨頭暴露在外，切勿擅自嘗試將其部位推回原有位置。簡單地**用繃帶或紗布包裹傷口**並即刻將傷患帶往急診室。
- 如果你認為傷口很深需要縫合，即應**儘快將傷患送至醫院**。
- 如果傷口感染未痊癒甚至變得更惡化，應儘快向醫生諮詢。

引起原因

- **切傷、撕裂傷：**切傷是一種皮膚被切開的傷口，有清楚的切開邊緣。撕裂傷則是呈現鋸齒不平狀或是被撕裂狀。
- **穿刺傷：**此類傷口常常是由剪刀、別針、碎片等尖銳物質所造成，特別是那些被更大物體造成的傷口，如被廚房用具刺傷或是被動物咬傷，傷口則會更深入。
- **擦傷：**表面的皮膚被意外刮除表皮的傷口。常常是由跌倒或擦過一個粗糙的表面所造成的。
- **瘀傷：**通常是由鈍物撞擊所致，譬如摔倒、撞上某物或被移動物體撞到。皮膚保持完好無事，但卻傷到血管造成皮下出血現象。

將刀傷處置於水龍頭下用清水沖洗血污及髒物。

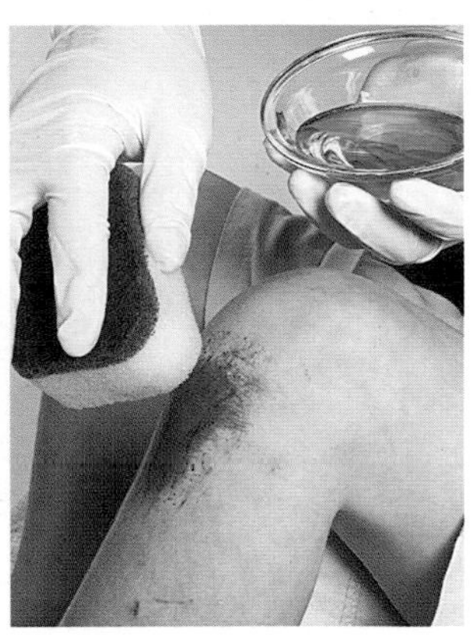

若傷口為擦傷，可用海綿沾滿稀釋抗菌液來擦拭清潔傷口。

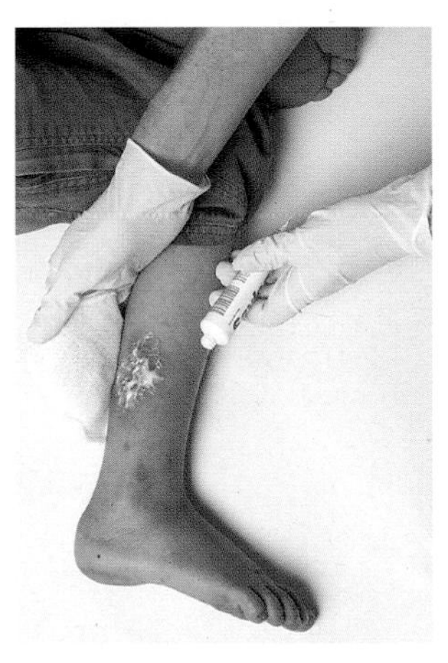

在包紮前僅用抗菌軟膏塗敷傷口。

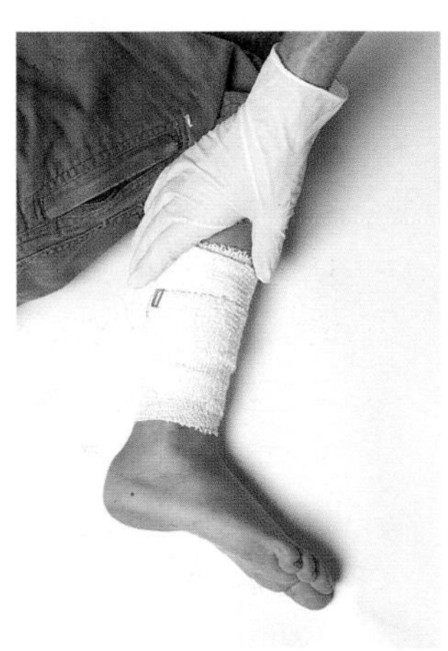

使用清潔貼布或繃帶來包紮切、擦傷。

X 禁止事項

- 請勿自行清潔大型傷口或清潔流血已經停止的凝固傷口。前者會使得流血情況加重，後者可能會使傷口重新流血。
- 不要企圖在能進行適當的醫療處置前，實施可能無法自行完成的急救治療。如果你認為傷口很深需要縫合，簡單地用非棉製繃帶或紗布包裹傷口並即刻將傷患帶往急診室。
- 包紮手指、手臂或腳部傷口時，若將繃帶或紗布包裹得太緊，可能會阻礙血流供給的順暢。

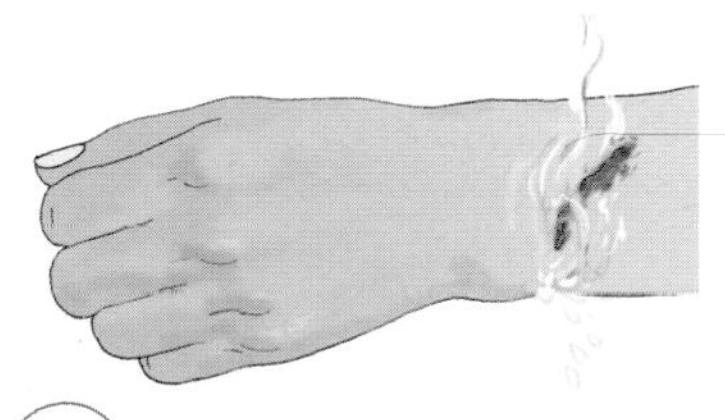

1 *清洗傷口*

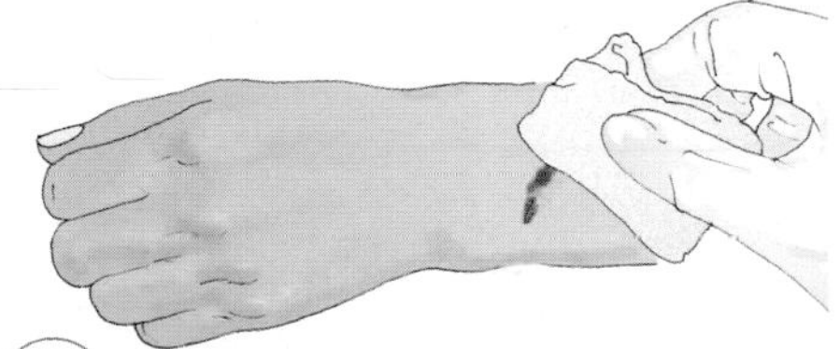

2 *小心並溫和地清潔傷口*

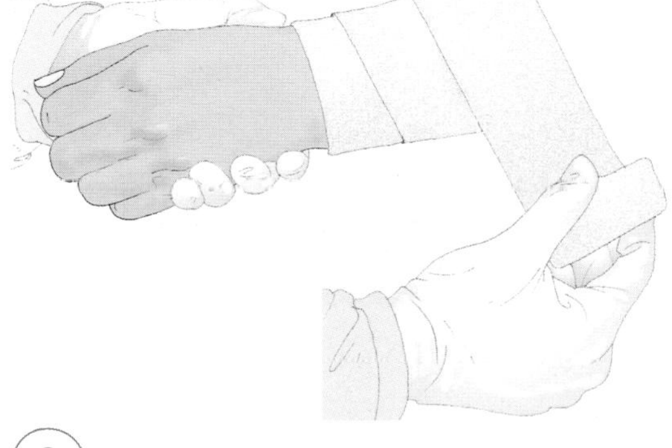

3 *以包紮用品包紮傷口*

撕裂傷

- 沖洗並用溫和的肥皂及水徹底清潔傷口。
- **控制出血**（詳見第38頁）。
- 用蝴蝶狀繃帶包紮傷口。
- 如果撕裂傷口看起來十分嚴重，應儘快向醫生尋求解決之道。

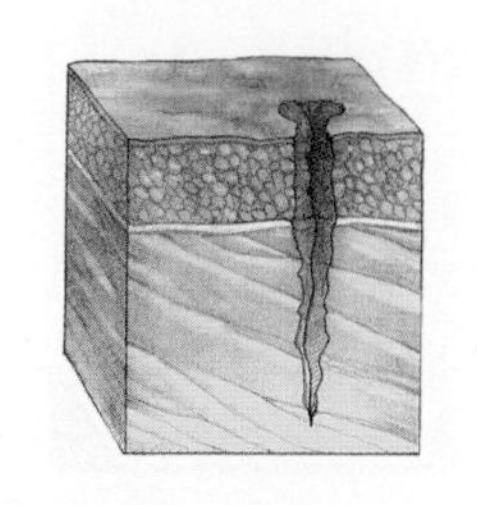

穿刺傷的表面缺口是狹窄的，但可能會深及肌肉組織。

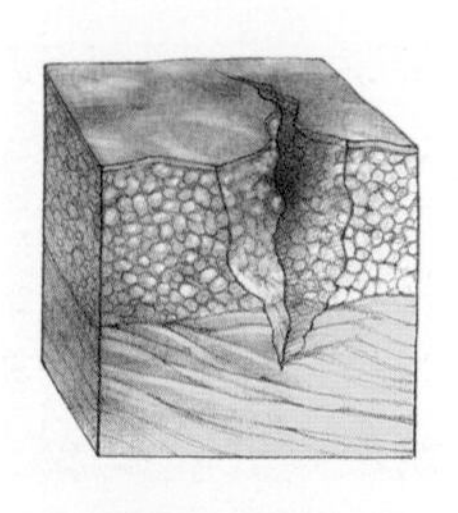

撕裂傷通常不深，但表面缺口較寬且有不平整的缺口邊緣。

穿刺傷

- 沖洗並用溫和的肥皂及流動的清水清潔傷口。盡可能試著洗去所有造成傷口的碎片。
- 用清潔的繃帶包紮傷口。
- 儘快尋求醫療協助。

破傷風

破傷風是一種會危害生命危險的感染症。這種細菌在肥料或動物排泄物當中特別容易擴散。一旦破傷風桿菌經由開放的傷口而進入人體，破傷風桿菌會以脊索組織為目標，散佈會造成嚴重痙攣、抽搐及呼吸困難的毒素，如果一直不接受治療，可能會因心臟或肺部功能失調而導致死亡。由於症狀產生後，抗生素將無法對其產生效用，因此破傷風特別難以治療。孩童可以依照例行的孩童疫苗進行破傷風疫苗注射。成年人應在受傷後盡快接受破傷風類毒素注射。

嵌入傷口的物體

- 切勿除去已經嵌入皮膚中，跟嵌入碎片一樣大小甚至更大的物體，特別是已深嵌入皮膚中的物體，若強行拔除會造成更多傷口，且若物體已傷及主要血管，拔除會使得傷口開始流血。
- 做環型的繃帶，將其置於物體上而不要直接碰觸物體，然後包紮固定起來避免繃帶橫向移動。切勿除去物體或向下施壓在物體上，必須特別小心處理這個步驟，因為物體必須保持穩固不移動，特別是對於已被嵌入物穿刺的部分更須小心謹慎。
- 請求醫療協助或立即送傷患前往醫院治療。

如何使用環狀繃帶

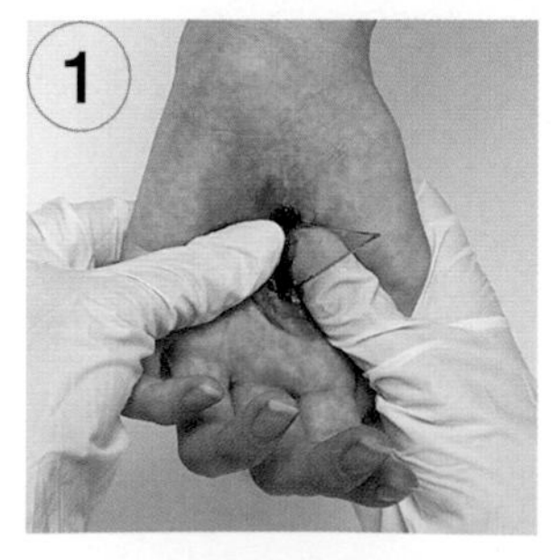

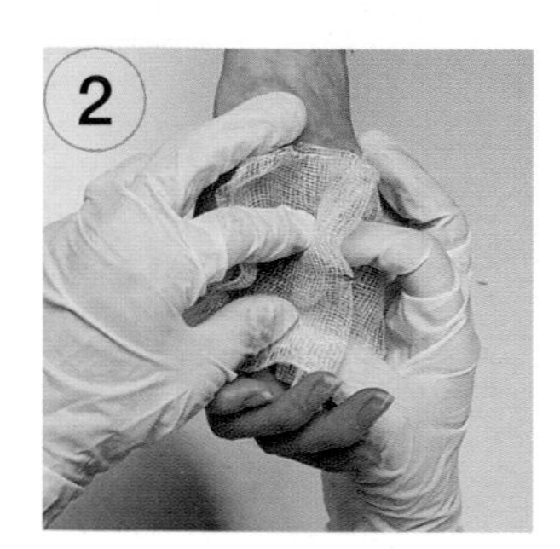

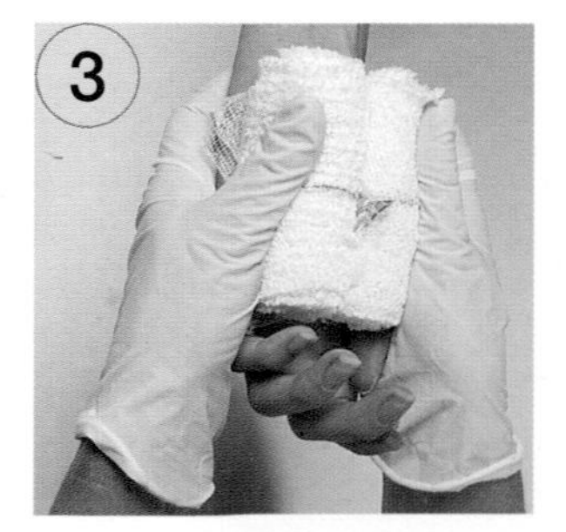

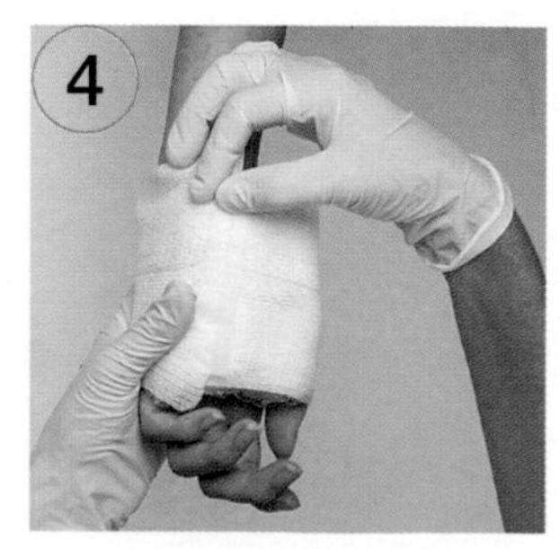

1. 輕輕地將傷口兩側推合幫助止血。2. 用紗布覆蓋傷口部分。3. 利用護墊置於傷口兩側以支撐嵌入皮膚之物體。4. 用繃帶稍微繞過護墊包紮穩固。

異物刺傷

- 使用一把乾淨的鑷子，從碎片插入皮膚的相同角度除去碎片。
- 若因異物碎片存在於皮下而無法順利夾出，先消毒一根針（利用打火機的火來烤幾秒鐘針的尖端以消毒不繡鋼針或別針），然後用針的尖端輕輕挑起碎片的一端。
- 清洗傷口，如果需要貼上有黏性的包紮用材。
- 若受到感染，應做適當治療措施。

瘀傷

- 立即在傷口部位使用冰敷包，可使傷口不會越來越腫大（如果沒有冰袋，可用冷凍食物包，如冷凍青豆）。若瘀傷部位開始感到抽痛，可服用溫和（如低劑量）鎮痛劑。
- 發生在指甲或腳指甲下的瘀傷，可能是由擠、壓、輾等外力造成的，血液會聚集在指甲下方，顏色會轉為藍黑色，如果不將血液排出，指甲通常會脫落並長出新的指甲。若能依照以下步驟無痛排出血液可減少指甲脫落的機會：用打火機的火消毒針的尖端部位到呈現紅熱狀。然後將針的紅熱尖頭插進已變黑的指甲裡的中間位置，當感覺到血液將湧出時，拔出針頭並讓血液從洞中流出。輕輕按摩指甲可幫助血液快速流出。

預防措施

許多的切傷、撕裂傷及穿透傷口，如果能夠小心使用刀子、剪刀、園藝用具及工廠工具的話，是能夠避免的。妥善放好尖銳物品不讓幼小孩童接觸到，並且在他們懂事時，指導他們如何安全地使用這些尖銳用具，如此可將受傷機會降低。

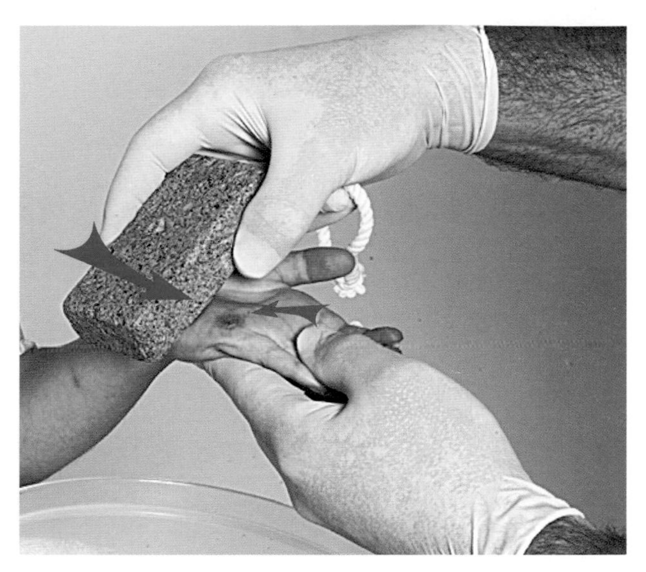

使用一個輕浮石從裂傷開口角度之相反方向，輕輕地清除傷口。

清除異物碎片

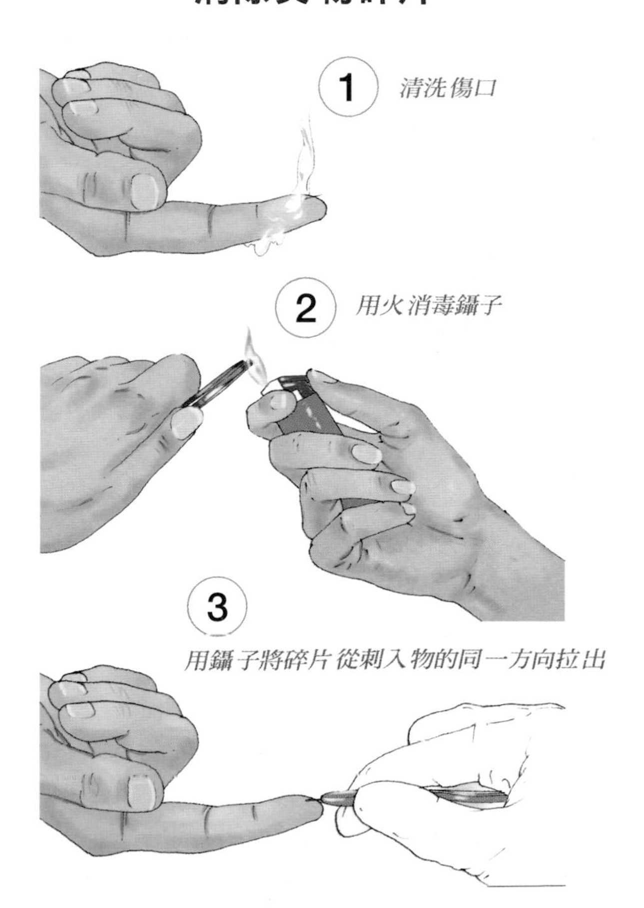

口鼻出血 Bleeding from the mouth and nose

由於口與鼻是十分重要的感覺器官（味覺及嗅覺），兩者均有十分充足的血液供給，因此，即使是口或鼻中的一點小傷口都可能造成大量出血。雖然鼻出血會發生在各年齡層，但是這類受傷仍然最容易發生在孩童身上。大部分發生在口鼻部位的傷害，可在家自行利用以下推薦的急救用具。小傷口通常復原得很快，如果出現傷疤，也要感謝這些對受傷部位恢復極有幫助的人體修復功能。

《症狀》

- 任何受傷而引起的出血狀況在幾秒鐘內變得更明顯，同時伴隨著立即性的疼痛。
- 如果傷口牽涉到嘴唇、舌頭或牙齦，口中的出血位置應可以簡單的被確認出來。利用小型手電筒可幫助找出在口腔內處更深的傷口，譬如說遭到外物造成的穿刺傷。
- 鈍物傷害可能會造成受傷部位上出現明顯的腫大及出血現象。
- 自發性的鼻出血可能發生在任何時候，但打噴嚏、用鼻子吐氣或挖鼻孔也會造成鼻血流出。

引起原因

口中出血普遍發生在孩童，通常是因為跌倒或因誤吞堅硬物，如鉛筆、冰棒或棒棒糖的塑膠、木棒等等所造成的穿刺傷。

若孩童吃飯不專心就容易造成意外咬傷舌頭或嘴唇，產生疼痛或流血現象。在任何年紀下，被外物或他人遭受攻擊就會使口鼻受傷。牙齒鬆動或掉牙齒會引起來自牙齦及牙槽的大量出血。

自發性鼻出血的發生原因很普遍，多來自於會造成鼻內黏膜內側乾燥的感冒或病毒感染，或是重複鼻呼氣的後果，以及過度使用會阻礙鼻內黏膜生成的鼻用解充血藥噴劑。

預防措施

- 應勸阻孩童吞嚥尖銳物品或固體物，並應制止當有此類物品在口中時走路或奔跑。
- 同時應該鼓勵孩童細嚼慢嚥，勸阻孩童不應該在咀嚼固體食物時說話。
- 不應讓鼻內變得乾燥，特別是當被病毒感染之後更應避免。如果乾燥情況發生，應在鼻內每一個膈膜上輕塗凡士林，這樣可以降低鼻出血的風險。
- 如果長期使用鼻用抗充血藥噴劑，則應暫停使用一到兩天。此類藥劑的延長使用會使得鼻內部乾燥，同時基於對藥劑的抗藥性，將更惡化鼻內堵塞情況。

處理方式

- 利用冷水浸濕的乾淨紗布吸去嘴唇上多餘的血液，並輕輕用手指拿著紗布捏住傷口。若傷患十分合作，這種方式同時可用於舌頭上的小傷口。
- 給予傷患冰塊吸吮可控制口腔內的出血情形，或用冷水清洗及漱口。清洗及漱口後的水應該吐掉，以免吞下去的血刺激胃部造成嘔吐。
- 將脫落的牙齒浸放在牛奶或鹽水當中用以保存（事後可由牙科醫生再度插入原有牙槽）。可用冷水浸濕的紗布塊輕輕壓住牙齒脫落的牙槽。
- 要停止鼻出血的情況，捏住鼻子柔軟處直到出血停止。當持續施以壓力於鼻子時，輕輕地將頭向前俯，讓排出的血流入口腔之後吐出。
- 疼痛若持續不斷，可服用鎮痛劑。

輕輕地捏住鼻子，約十分鐘內出血可停止

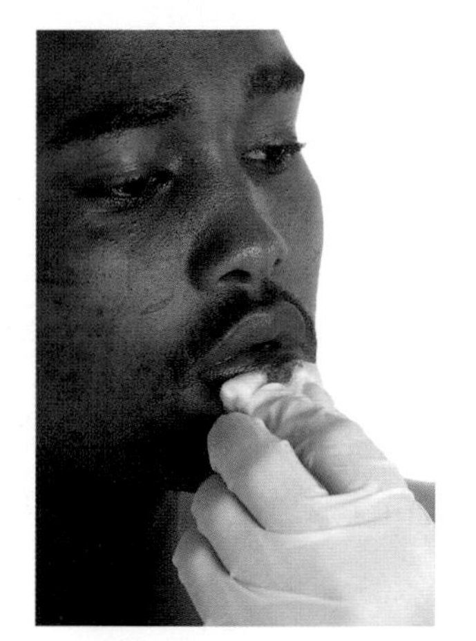

用冷水浸濕的乾淨紗布輕捏住傷口。

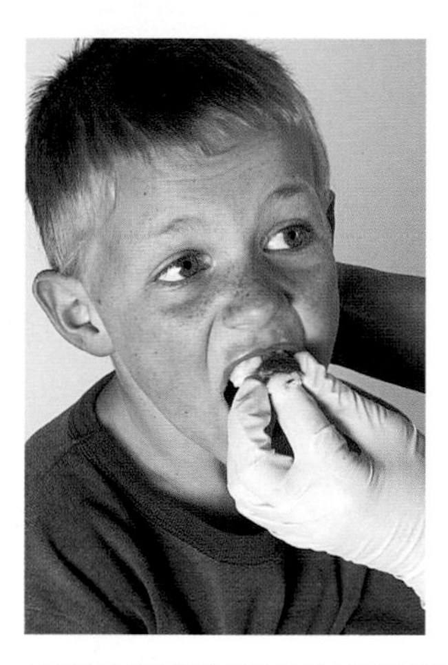

用紗布塊輕輕壓住牙齒脫落的牙槽以止住出血。

治療後的護理

- 口腔受傷的人均應在受傷後五日內避免高溫、辛辣或酸性食物。
- 在每餐飯後，一天兩次的刷牙及清洗口腔能夠降低傷口感染的風險。如果牙齒及牙齦受傷了，在受傷頭幾天可進行一天兩次的抗菌漱口水漱口來代替刷牙。
- 鼻子受到鈍物傷害之後，常常要等紅腫情況消退之後，才會發現有斷裂或骨折現象，如果這種情形發生，應立即詢問醫生處置方式。

在每餐飯後，用水及抗菌漱口水清洗受傷的口腔

咳嗽、感冒、哮吼 Coughs, colds and croup

上呼吸道感染（URI）是絕大多數人必須在生命裡一次又一次忍受的病症，尤其是發生在氣候較寒冷的月份，以及每年都要過著濕冷寒冬的某些國家中。吸煙者較不吸煙者其URI的發生率及嚴重程度都來得高。大部分的感冒多是輕微、自限的，且僅需要根據病症實施治療即可痊癒。然而，對於嬰幼兒、老年人以及患有慢性肺部疾病，或會阻礙正常身體免疫系統的病人來說，感冒的併發症及關聯性疾病才是影響身體健康更可怕的因素。

《症狀》

- 普通的感冒一般會出現輕微發燒、咳嗽、鼻水、持續打噴嚏及喉嚨痛等症狀。與成年人比較，發燒較常出現在嬰幼兒及孩童。而肌肉酸痛、發高燒及畏寒等症狀則較多屬於流行性感冒的症狀，不常發生在普通感冒。
- 由於上呼吸道感染伴隨而來的鼻後滴痰，常常使得咳嗽多伴隨著喉嚨痛、口中作嘔及因咳嗽產生的黃痰等情形。
- 典型的氣喘（呼吸空氣的延長現象）有別於上呼吸道感染症狀中的哮喘。
- 長期的咳嗽常會伴隨著孩童有雜音的呼吸聲，此為典型的百日咳症狀。可能拖延至三個月並且再度復發。
- 哮吼（喉頭炎）會讓孩童咳嗽時出現如吠叫或烏鴉叫的聲音，通常在夜間情況更糟。
- 最近有國外旅遊史或常與禽鳥類接觸的民眾，若發生感冒症狀，最好請醫生檢查。

引起原因

- 雖然細菌也可能延長已存在的疾病，總體而言大多數上呼吸道感染症是由病毒引起的。
- 慢性靜脈竇感染引起鼻後滴痰，受到感染的分泌物滴進了氣管及肺部而導致持續的咳嗽，及可能伴隨著輕微發燒。
- 當咳嗽為主要明顯症狀的時候，也許會很難分辨是氣喘還是上呼吸道感染的症狀，但此兩者的症狀是可能同時存在於人體的，特別是發生在小孩的身上。
- 博得氏菌百日咳會引起有雜音的咳嗽，為百日咳主要症狀（詳見第92頁**常見的孩童傳染病**）。但能夠靠注射疫苗加以預防。
- 哮吼（喉頭炎）呈現的典型吠叫咳嗽容易在六個月到三歲幼兒的年齡層發生，這通常是一種涉及喉頭下方（音箱）部位的病毒性感染。而較嚴重的喉頭炎是由嗜血感冒菌所引發的，這是一種會造成喉頭蓋（會厭）部位腫大的病毒，會帶來高燒、流口水及吞嚥食物困難等症狀。
- 單純的咳嗽可能是許多非感染／傳染性的因素所造成的，當中包括了藥物的部分效果，譬如是以前用來控制血壓的藥物，或是外來物體進入到咽喉、肺部或胸腔內部的腫瘤等。
- 若給一個不斷咳嗽、呼吸急促及發燒的孩童使用抗生素卻無效的時候，應考量孩童可能吸入異物。

治療方式

- **普通感冒可以在家進行安全的治療**。多加休息、補充大量水分及服用解熱鎮痛劑或阿斯匹靈（小孩不可用阿斯匹靈）來降低發燒的體溫，通常就是治療感冒的必要的措施了。藥用的錠劑對於病毒則是無效的，而且不比喝溫開水來得有用，葡萄糖或是熱甜食則可以安撫喉嚨的疼痛。
- 就像搔癢與疼痛，**咳嗽只是一種疾病的警告症狀，並非診斷結果（發病主因）**。咳嗽是用來趕出呼吸道中已受感染的分泌物或是其他有害物質，所以具有抑制如咳嗽等感冒症狀功效的藥物不見得就有好處，甚至是有害的，故不建議用在成人或孩童的第一線治療上。處理的優先步驟是先判定這些症狀發生的主因，針對主因治療而不僅僅是治療如感冒等症狀。
- **百日咳及病毒性哮吼（喉頭炎）**均可在家治療，但請務必接受醫生諮詢，以免產生併發症。

發生以下情況應立即尋求醫療幫助

- 當感冒症狀於三到四天內無法解除，或甚至惡化，可能受到細菌感染者。
- 當六個月大以下的嬰兒發生感冒或呼吸困難者（無論有無發燒）。
- 症狀顯示有可能是哮喘者。
- 症狀顯示有可能是百日咳及喉頭炎者。
- 當其他感冒症狀解除後咳嗽症狀仍持續者。
- 當因感冒而吐出類似受到感染的痰或血者。
- 當持續的乾咳是為獨立的症狀者。

預防措施

- 保護自己的免疫系統，可降低感冒或是其他病毒感染的風險，特別是在一年當中較寒冷的幾個月份更應特別小心。雖然避免身體過度使力或有壓力，維持健康均衡的瘦身，以及不讓自己暴露在極端的溫度（過冷或過熱）下等種種的措施，雖然不能完全保證不會受到病毒感染，卻能有效降低其風險機率。
- 切勿抽煙！無論每天抽幾根煙，抽煙者受到呼吸道感染及其他疾病的比率遠遠超過非吸煙者。
- 確保自己的小孩已經接受了百日咳及哮吼（喉頭炎）的疫苗注射。
- 讓微小物體如玩具零件、銅板、別針、夾子及珠寶手飾的配件遠離嬰幼兒。特別是不應讓五歲以下的孩童食用花生，因為孩童有可能會哽到或吸入肺部。

蒸氣吸入可以幫助暢通阻塞的鼻子，並緩解充血現象。

常見的孩童傳染病

Common childhood infections

由病毒或是細菌所引起的傳染病在幼童當中是很常見的。大多數的傳染病是由家族成員或其他孩童所傳染而來的，當小孩開始上托兒所、遊戲學校或類似的團體時，其所受到傳染的機率更是會大為增加。大部分的孩童傳染病是輕微的，甚至對於孩童本身是有益處的，這是因為每一次獲得傳染病時，都能刺激並加強孩童正在發展的免疫系統功能。雖然大多數的孩童傳染病是可在家自行治療的，但當小孩可能出現了以下傳染病的病狀時，應該立即通知醫生為宜。

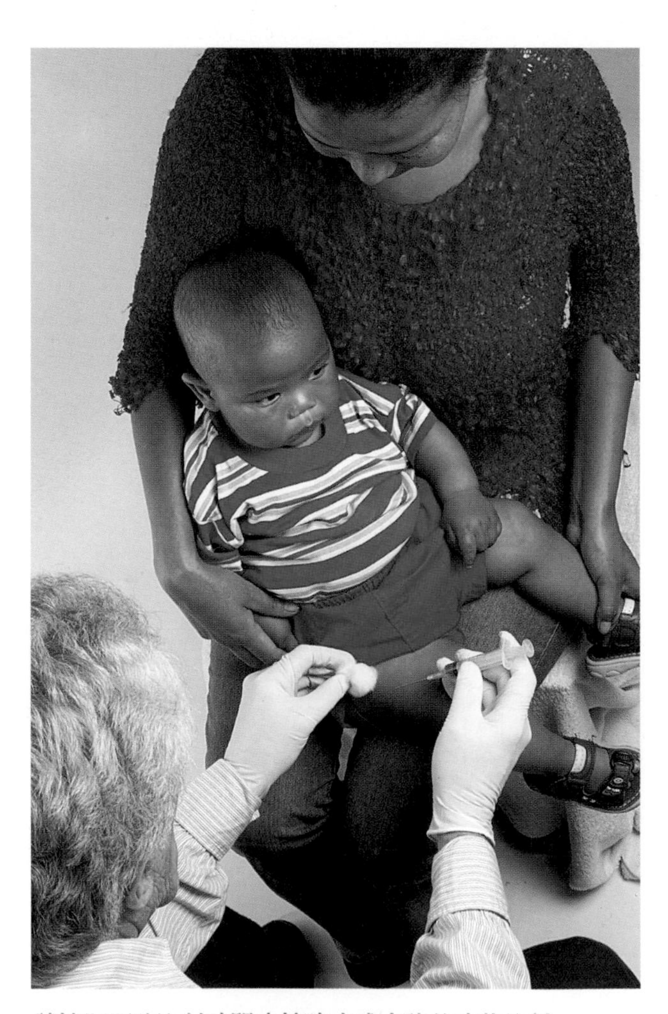

請按照預防注射時間表按時完成小孩的疫苗注射

引起原因

主要的常見孩童傳染病是由病毒引起的。由細菌產生的傳染病較為少見，且一旦發現此類病症，只要使用規定的抗菌藥物即可成功治療。

幸運地，例行的疫苗注射大大幫助了孩童預防每年會危害幾千名孩童性命的傳染病，如麻疹、德國麻疹、腮腺炎、白喉、結核病（TB）、百日咳、小兒麻痺症及病毒性肝炎。

不過，這些傳染病有時還是會發生，像是水痘及傳染性單核白血球增多症並沒有被涵蓋在一般的疫苗注射當中。

預防措施

- 確保小孩定期接受疫苗注射且產生抗體，若有任何疑慮，應向醫生尋求解決之道。
- 家中若有任何慢性疾病或缺乏免疫力的孩童，則應儘快讓他們遠離那些已受病毒或細菌感染的人。
- 懷孕初期三個月的婦女不應與任何可能患有德國麻疹的人接觸。

疾病與症狀

實際上，所有的常見孩童傳染病都會先出現普通、非特別明顯的症狀，然後皮膚才會產生疹子或其他該病症狀，譬如腺體腫大現象。

水痘

大多數孩童約在同一時期感染水痘。水痘是非常高傳染性且容易擴散的，在傷患軀幹長出丘疹後幾個小時內會出現輕微發燒及頭痛症狀，丘疹容易擴散至臉部及頭皮，甚至口腔內部。丘疹會轉變成很癢的水泡，且在幾天內變乾而形成斑點，斑點形成後仍可能會持續發癢一陣子。唯一需要注意的併發症是由抓破水泡而引起的續發性細菌感染。肺炎及腦炎等併發症則十分少見。

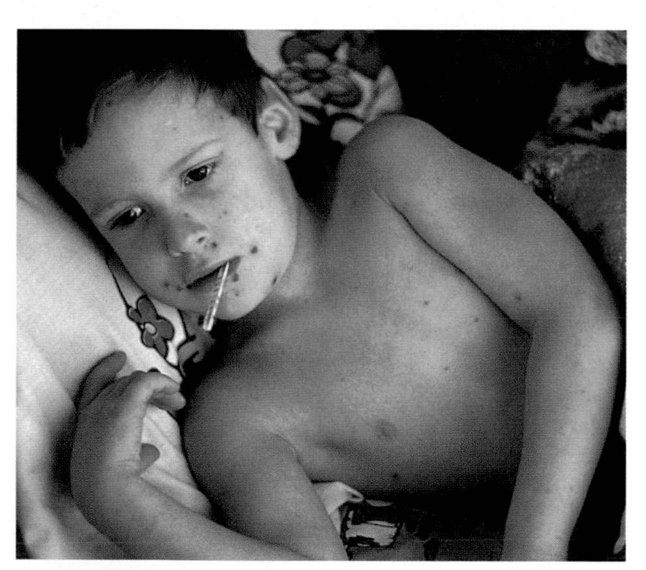

患有水痘的四歲大男童

傳染性紅斑

這種常見的傳染病通常出現在兩歲以上的孩童，也被稱為耳光症（傳染性紅斑、第五病）。在出現輕微的發燒及臉頰產生淡紅色等症狀後幾天，會在手臂、腳部，有時甚至是軀幹部位出現粉紅斑疹，需要經過四到六星期疹子才會完全消退，但傷患的健康及體力會在疹子完全消退前逐漸好轉。極少數會出現併發症。

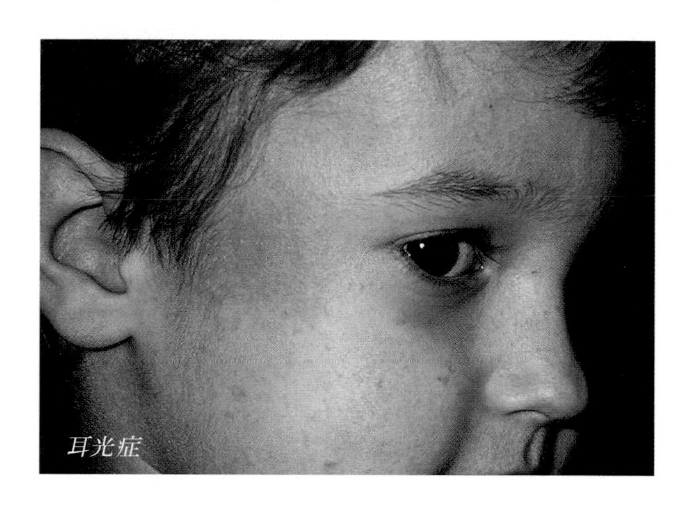

耳光症

腺熱

這種疾病最常發生在年紀較大的孩童及青少年身上。會出現發高燒，並伴隨著疲勞、食慾不佳、喉嚨痛及頭痛，症狀會持續好幾天甚至好幾週。位於頸部及其他地方的淋巴結也可能變得腫大及敏感，需要花費幾週才能完全痊癒。

麻疹

發燒、乾咳及眼睛與鼻子的發炎疼痛等症狀，在平坦的紅色斑疹出現後幾小時到五天之內會在臉部開始顯現，然後漸漸擴散至身體其他部

注意事項

如果懷疑是麻疹，應立刻回報醫生。

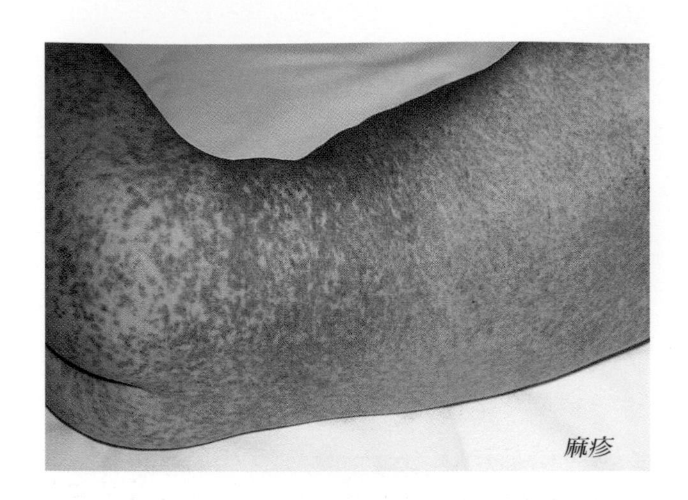
麻疹

分。疹子通常在一週之內會消除，孩童的病情也隨之好轉。可能的併發症包括了腹瀉、中耳感染、肺炎及腦炎（傳染擴散至腦部），但通常會出現在嬰幼兒時期或是出現營養失調及其他慢性健康疾病的孩童身上。

德國麻疹

德國麻疹是較麻疹輕微的傳染病，有時根本沒有留意到其發病期或是被誤診為流行性感冒。輕微發燒及耳後與頸後的淋巴結腫大後一兩天，隨之而來的是臉上開始出現小粉紅斑疹，並且擴散至身體其他部位。粉紅斑疹的症狀通常維持不超過三到四天，有些孩童會出現關節疼痛現象，但鮮少其他併發症。德國麻疹通常在十天內可恢復健康。

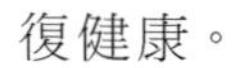

來自德國麻疹最危險的影響是在於婦女早期懷孕階段，因為德國麻疹病毒可能會對胎兒造成嚴重傷害。

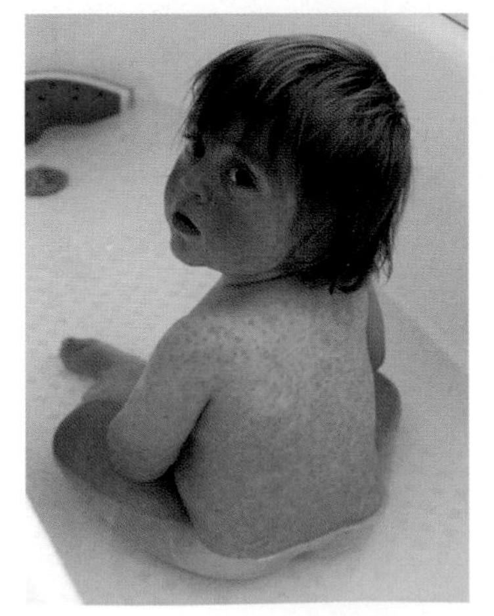
德國麻疹

腮腺炎

腮腺炎會出現輕微發燒及下臉部的不適症狀，一兩天之後緊接著會出現臉部兩側的唾腺呈現腫大的現象，但通常在一週之內會消退。發生在某些孩童身上時，腮腺炎的感染可能會擴散，造成腦部、胰腺及男性睪丸的發炎。大部分的孩童可在十到十二天之內完全康復。

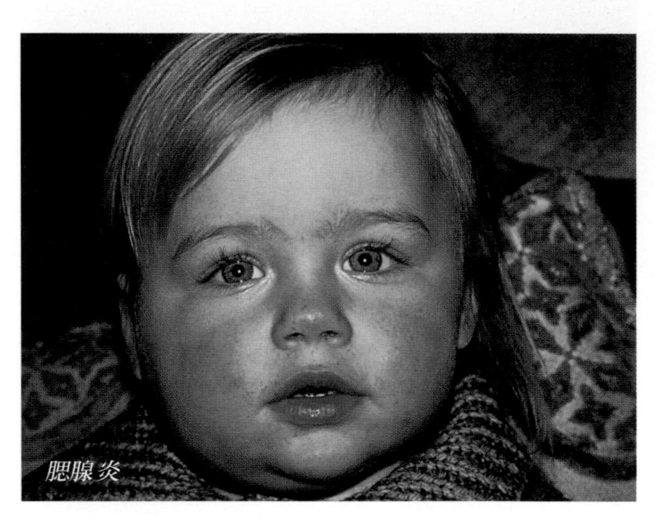
腮腺炎

嬰兒玫瑰疹

在兩歲以下的嬰兒當中，嬰兒玫瑰疹算是普遍的病毒傳染病。患者會突然發高燒並會出現腹瀉、咳嗽及頸腺體腫大等現象，三到四天之後體溫會開始下降，頭部、頸部及身體會出現小粉紅斑點，再過四到五天小粉紅斑點會消失，那時也應可恢復健康。體質健康的小孩身上通常鮮少產生併發症。

注意事項

感染了德國麻疹的孩童不應與懷孕婦女有所接觸，特別是懷孕頭三個月的期間更應避免。

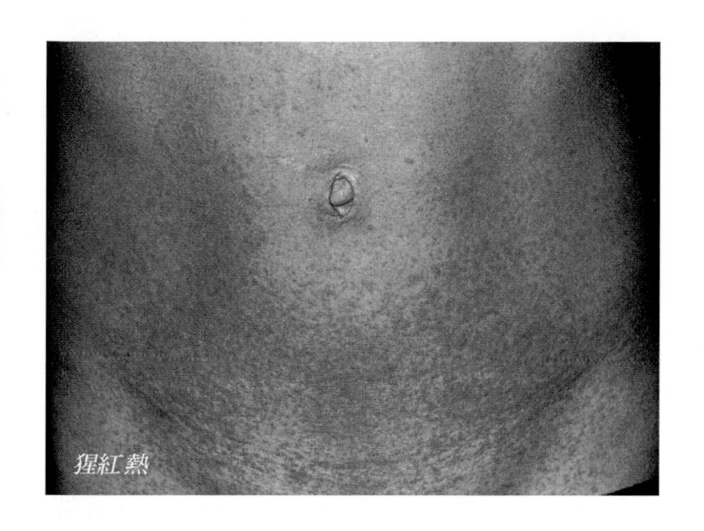

猩紅熱

由於抗菌藥物的方便取得，使得這種由細菌傳染的疾病現在已經很少見了。猩紅熱在發病初期普遍會產生發燒、喉嚨痛及頭痛等症狀，有時還會伴隨著噁心及嘔吐。症狀出現的十二個小時之內，胸部及頸部會出現紅疹並會擴散到全身，臉部會出現潮紅，但嘴巴四周則不會產生潮紅現象。扁桃腺可能會腫大，舌頭上會出現白色外膜，過了幾天會剝落，而露出如草莓般一顆顆紅色突起的疹子，再過幾天，出疹的外皮便會開始脫落。只要一確定診斷結果後，就可立即使用抗菌藥物治療，猩紅熱是極少出現併發症的。

百日咳

百日咳是一種高接觸傳染性的細菌傳染病，歸功於疫苗的出現，現在已經很少見了。在頭七到十天會出現輕微發燒及乾咳等症狀，乾咳在夜間時段顯得嚴重，而這種咳嗽情況會持續，並隨著病情的延長而產生低沉呼喘聲的喘氣症狀。嘔吐及痙攣抽搐等症狀會隨著咳嗽而後發生，一般視為疾病發生的第二階段，可能會持續直到三個月左右，且若是孩童發展出其他呼吸道疾病的情況下，百日咳的症狀有可能會復發。患有百日咳的幼兒可能會因持續的咳嗽而容易疲勞。

腦膜炎 （同時見第46-47頁）

腦膜炎不屬於一般常見的孩童傳染病，而被視為一種小型的流行性傳染病，特別是在孩童聚集時，且可近距離接觸的場所，譬如在幼稚園特別容易被傳染。

腦膜炎是指腦部中內膜層發炎的現象，通常分為由病毒傳染及細菌傳染兩種形式。由**病毒傳染**的腦膜炎症狀較為輕微，而由**細菌傳染**的腦膜炎則可能會對生命產生危險。兩種傳染方式都會出現類似流行性感冒的症狀如發燒、食慾不佳、頭痛及情緒不穩，頸部出現僵硬或在移動頸部時會感到有阻力的症狀，有助於診斷為其疾病（在嬰幼兒當中較難診斷出）。當被奈氏流腦雙球菌（Neisseria meningitidis）感染腦膜炎時，會出現幾種嚴重的變異症狀，如在皮下的小血斑，有時候會出現大面積的挫傷。腦膜炎是一種可能危害生命的病症，需要立即的醫療重視及處置，包括了抗菌及生命維持等設備。

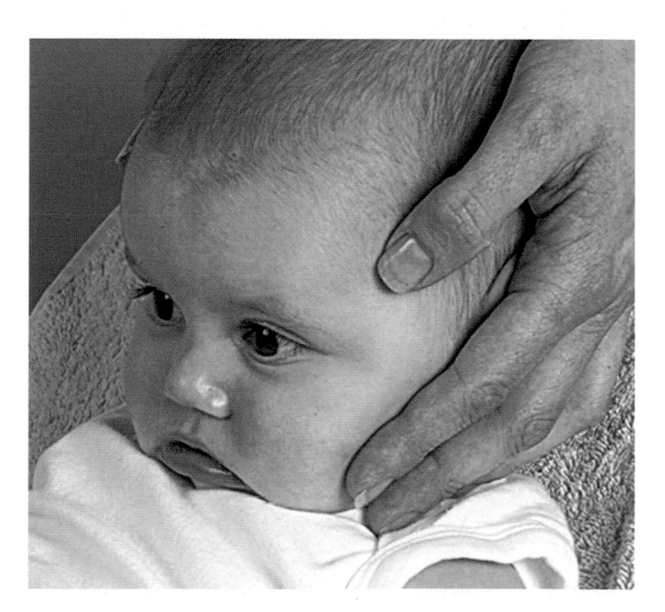

腦膜炎會引起頸部僵硬，使得該部位的肌肉收縮或彎曲時感覺十分不適。為協助嬰兒減輕其不適感，用一手扶穩嬰兒的胸部，另一手則扶住嬰兒的頭部後面，慢慢使其躺下或起身。

孩童疾病之護理

一般的症狀

通常利用浸泡過溫水的海綿或濕布擦拭病童身體，儘可能讓他們穿著較為涼快的衣物並給予解熱鎮痛藥或像是普拿疼類幫助退高燒的藥物，阿斯匹靈則比較適合給較為年長的孩童服用。

當病童發燒時，往往會食慾減退、不想進食，這時候不要強逼他們進食，這樣只會讓他們更痛苦，但應該鼓勵病童多喝水以免出現脫水現

首先先量小孩的體溫

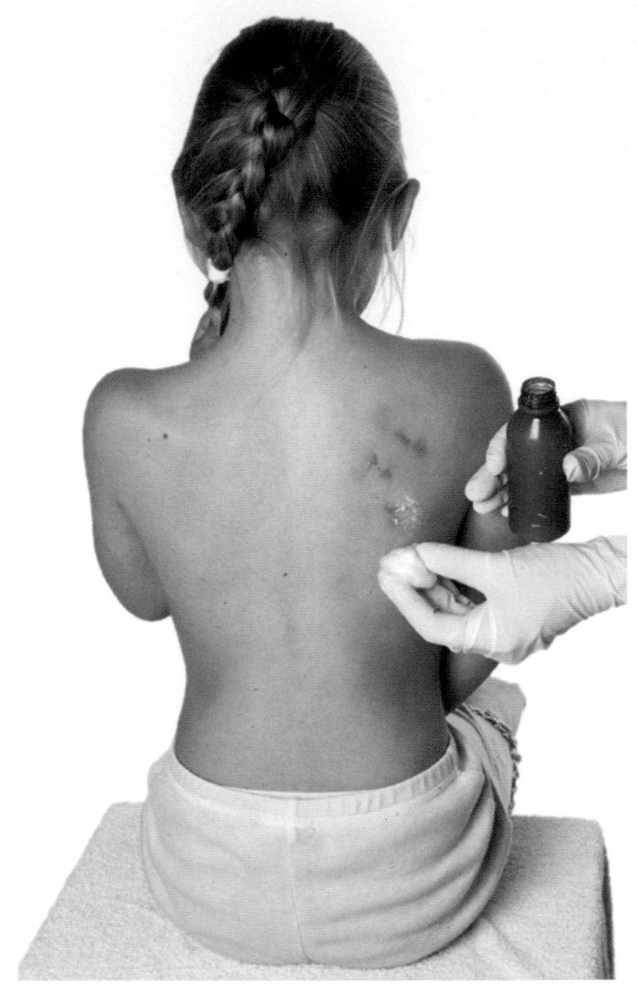

爐甘油（用作為潤膚劑）可緩和發癢現象，並能夠使得如因水痘等傳染病而出現之皮膚上的痘泡斑點變得乾燥。

象。（喝1：1稀釋的運動飲料可同時補充葡萄糖及電解質）除非醫生指定止咳藥物為病童的藥物，否則不應自行給予止咳藥物。嘔吐及腹瀉現象通常會自行改善，無須特殊的治療。

皮膚疹

大多數的皮膚疹不需要特別的治療。因水痘出現的發癢水泡，可每天用兩次爐甘油及抗組胺

劑藥物塗敷加以治療。務必盡一切可能制止小孩去搔抓那些水泡或斑點，因為搔抓傷口很容易會造成第二次感染，甚至永久的疤痕。

處理受感染的媒介

抗菌藥劑只適用於治療細菌性傳染病，對於單純的病毒性傳染病是無效的。

小叮嚀

避免傳染給其他人：讓患有第92-95頁中列舉的傳染病病童在家休養，直到醫生確定他不再有傳染性為止。與病童有身體上的接觸之後，務必仔細洗手，如此一來可以降低傳染給其他家族成員的風險。

發生以下情況應立即尋求醫療幫助

- 當已知病童同時患有慢性疾病者。
- 發現難以作出準確的診斷，且不確定其症狀意義時。
- 當出生六個月以下的嬰兒患有第92-95頁中列舉的傳染病之一時。
- 當發生在家治療難以獲得改善的高燒者。
- 病童出現十分疲累、無精打采或因太勞累而無法呼吸的時候。
- 病童變得昏昏欲睡。
- 當病童出現抽搐痙攣現象者。
- 嬰兒將所有奶及食物吐出時。
- 當病童的初期症狀復原之後再度復發。
- 出現頸部僵硬、血班或瘀傷時（詳見第46-47頁**腦膜炎**）。

對於大多數的孩童疾病來說，最有效的治療方法就是：躺在床上休息及保持安靜，家長的愛護和關注，以及擁抱著最喜愛的熊寶寶。

頭痛及偏頭痛 Headaches and migraines

雖然在這世界上有好幾百萬人經歷過頭痛的痛苦，大部分頭痛的發作是輕微且無需醫療救護的。原發性頭痛指的是那些沒有特別的致病原因，卻可能被某種刺激而促發頭痛的頭痛類型。緊張性頭痛是原發性頭痛當中最為常見的一種頭痛，特別常發生在女性身上；而叢發性頭痛則較為少見，然發作起來卻特別疼痛，這種頭痛較常發生在男性身上；次發性頭痛是某種嚴重的潛在疾病或傷害所造成的可能症狀，治療方向則以造成頭痛的主因為目標，而非頭痛現象。偏頭痛屬於一種以頭痛為主要常見特徵的症候群，但是偏頭痛的治療及預防方式較與原發性頭痛類似。

《症狀》

- 緊張性頭痛是一種輕度到中度的普通疼痛，呈一個帶狀壓力影響著頭部的兩側，疼痛感經常在眼部後，有時伴隨著頸部肌肉的緊張感，這種疼痛可能會持續幾個小時，或是一天當中疼痛程度越來越加重。緊張性頭痛幾乎總是發生在白天，很少影響到睡眠，絕大多數的傷患每個月都會發生一到兩次的頭痛症狀。
- 叢發性頭痛通常會持續好幾個禮拜，然後頭痛症狀消失個幾個月之後會再度出現。叢發性頭痛一天會發生好幾次，尤其在夜間時段，此類頭痛發生之前沒有任何警告訊號，且十分痛苦難忍，但每次疼痛時間很少超過一小時。叢發性頭痛的頭痛現象經常發生在頭部的一側，但不是每次都發生在同一側，疼痛側的眼睛經常會紅腫且淚汪汪的，鼻子也會有阻塞情形。

引起原因

許多原因會刺激原發性頭痛的發生，只要避免掉這些原因就能在第一時間停止這類頭痛。這些刺激包括了壓力、沮喪、疲勞、尼古丁或咖啡因的影響，食物像是冰淇淋、眼睛肌肉緊縮、因月經等因素的荷爾蒙變化及其他藥物的影響。長期使用止痛劑可能會促使身體對藥物上癮，一旦停藥反而會出現頭痛症狀。酒精則會刺激叢發性頭痛的發作。

次發性頭痛可能是傳染病、頭部傷害、血液循環的失調、腦部腫瘤或慢性疾病如糖尿病等的症狀之一。輕微的頭痛通常會發生在早期的病毒傳染及其他的傳染上。

偏頭痛導因於腦部及血管周圍化學物質，例如血清素被釋放的結果。偏頭痛侵襲人體所產生的嚴重程度因人而異，且在偏頭痛發生前會先出現一些預知警告症狀，如情緒改變、感到刺痛、感到如Z形線或閃光等視覺影像等。這種頭痛通常只出現在頭部一側，且會伴隨著噁心及嘔吐現象。偏頭痛症狀幾乎很少持續超過一小時，但在疲勞及普通生病時則會持續較長時間。偏頭痛若發生在小孩身上，則會呈現腹部疼痛症狀而無頭痛現象。

處理方式

如果可能，應能認知並儘量避免會對人體造成刺激的要素（見以下的“預防措施”）。

- 緊張性頭痛及輕微的偏頭痛通常只要服用如阿斯匹靈、解熱鎮痛藥或如普拿疼等溫和止痛劑就能獲得改善，同時這應為第一治療的步驟。非類固醇抗炎藥物對於某些傷患可能有效，但必須事先獲得醫生同意才能服用。
- 叢發性頭痛需要服用處方藥，而這些藥物中很多並非是治療叢發性頭痛專用藥物。若懷疑自己患有叢發性頭痛，務必要先詢問醫生建議。
- 所有頭痛的持續時間可因休息或放鬆直到疼痛消失為止而不再延長。

預防措施

減少原發性頭痛的重要關鍵在於能夠認知，並避免造成頭痛的刺激因素。

- 如果頭痛現象時常復發，應將頭痛發生日期、狀況及造成頭痛的刺激原因等紀錄下來。

發生以下情況應立即尋求醫療幫助

- 若頭痛引起的持續疼痛在一個月當中超過十五天以上者。
- 當頭痛持續超過二十四個小時而疼痛程度未獲減緩者。
- 服用溫和止痛藥劑後無改善者。
- 懷疑是叢發性頭痛者。
- 有症狀顯示可能為次發性頭痛者（見上方說明）。
- 若傷患為孩童，且頭痛的症狀連帶發燒、困倦感或身上出現紫色斑點者。這些症狀可能暗示罹患腦膜炎，需要立即的診斷及治療。

注意事項

- 次發性頭痛可能發生於任何年齡層。也會發生在平常沒有頭痛現象或病歷的人身上。
- 因頭顱或顏面等傷口所造成的頭痛，需要立即的醫療照顧。
- 與發燒、持續的噁心或嘔吐、困倦、視力喪失或模糊不清、抽搐現象、說話能力出現障礙、肌肉衰弱、反常行為及態度等有關的頭痛，可能暗示著一個嚴重的身體潛在性失調症狀，需要立即的醫療照顧。

- 叢發性頭痛，在頭痛期間應避免酒精的攝取，同時在頭痛暫停期間也應限制酒精的攝取。
- 因任何靜止姿勢而產生的頭痛，可能是與不好的姿勢或肌肉緊繃及過勞。應向物理治療師或職業治療師尋求解決方式。
- 伴隨著眼睛紅腫或發癢的頭痛，特別是在長時間閱讀電腦上的資訊，或利用電腦工作之後產生的頭痛，表示可能是眼睛肌肉緊繃或視力產生失調現象，應尋求眼科醫生的意見。
- 如果因其他疾病而有服藥的習慣，應詢問醫生頭痛是否為所服用藥物的副作用。
- 如果頭痛現象已經頻繁到影響平常生活時，醫生會指定藥物來降低叢發性頭痛，或偏頭痛的發生頻率。
- 如果遭受頻繁的頭痛，應注意不能隨意增加止痛藥劑的用量，因為過度使用藥物會藥物上癮，因身體需要藥物而引發額外的頭痛。請教醫生關於服用止痛藥或防止頭痛的替代方法。

氣喘 Asthma

氣喘是一種呼吸道方面的疾病，因氣管發炎而變窄，降低空氣流動，造成氣喘現象，如咳嗽、呼吸短促及胸部有緊迫感等症狀。氣喘也被稱作支氣管氣喘症、運動引起的氣喘或反應性呼吸道疾病（reactive airway disease，RAD）。氣喘是無法完全根治的，但經過不間斷地治療、自律及自我訓練，可以讓傷患過著正常人的生活。氣喘的治療涉及長期的藥物控制，藥物是用來對抗氣喘的治療根基，配合上可快速緩解症狀的措施以對抗氣喘症狀。如果發生在孩童身上，可能因年齡的增長，氣喘症狀會漸漸改善或消失。

《症狀》

氣喘的發作通常是突然發生的。症狀包括以下：

- 呼吸相當費力
- 運動之後呼吸短促情況加重
- 胸部有緊迫感
- 氣喘現象或咳嗽時有或無痰液產生
- 不正常、吃力的呼吸形式，如吸、呼氣時需花費雙倍時間。

引起原因

- 空氣污染，如沙塵暴或吸煙
- 動物毛髮或皮膚屑片
- 被蜂蜜螫刺（或是被其他昆蟲螫刺）
- 冷空氣
- 微塵
- 運動
- 食物，特別是堅果類或有殼海鮮
- 情緒上的壓力
- 黴菌
- 植物或花粉

處理方式

如果氣喘傷患症狀發作，應從旁協助他們服用規定藥物，安撫並給予傷患足夠的空間及空氣。在當第一次發作，或傷患沒有攜帶氣喘用吸入劑而使呼吸困難時，應立即請求醫療協助。

預防措施

傷患應在運動前使用氣喘的藥物來預防氣喘的發作，尤其傷患是孩童的時候。傷患應該要減少暴露在可能會刺激氣喘發作的因素下，大部分預防**過敏症**發作的原理同樣可以用在氣喘上（詳見第101頁）。

上方：動物毛髮或皮膚屑片會刺激容易受影響的人體之過敏反應。
左方：氣喘傷患通常會攜帶氣喘用吸入劑來幫助緩和症狀。

過敏症 Allergies

大多數患有花粉症或其他戶外型過敏症的人，常以為家是能夠完全避免一切過敏根源的避難所，其實這是一個錯誤的想法。住宅和公寓中反而會藏匿許多室內過敏物質，使人無法避免。所謂過敏反應是指自體的免疫系統對外來入侵者（指如灰塵或花粉等不屬於人體內的物質）作出的反應，當人體暴露在入侵物質或過敏原的狀態下，就會刺激過敏反應，其反應的程度從輕微到嚴重都有可能。過敏反應會在暴露於過敏原之後立刻發作，或是需重複幾次暴露之後才會發作。

當免疫系統對某種特定的入侵物質過敏時，會產生過度反應，這種對普通無害的物質所產生的過度反應，就被視為一個過敏症反應，而且會開始釋放化學物質，如組織胺等的中介物質，這是位在細胞或組織上，造成過敏反應症狀的組織胺發揮出來的效果。嚴重的過敏性反應是很少見的，但一旦發生就可能會危害到生命，因為會出現休克、氣管狹窄及呼吸困難等現象。

《症狀》

室內過敏反應的症狀也與其他多數過敏症的症狀相同：

- 鼻水直流
- 不停喘氣
- 鼻子發癢、阻塞（詳見第90頁）
- 眼睛發癢、淚眼汪汪或充血
- 喉嚨沙啞或紅腫
- 呼吸困難
- 胸部或喉嚨有壓迫感
- 原因不明的氣喘或呼吸短促
- 心跳急速或不規律
- 假膜性喉頭炎（也被稱為蕁麻疹或風疹塊），是皮膚上紅色發癢處或白色突起斑點的構成原因。

引起原因

寵物皮屑（皮膚微粒物質）：與一般人相信的恰恰相反，對動物的過敏反應並不是因動物毛髮所造成的，而是從動物身上因寵物本身舔或搔抓而掉下來的壞死皮膚屑片（類似人類的頭皮屑）。過敏原由此而進入毛髮地帶，在這裡過敏原與其他屋內的灰塵等成分結合。有皮毛跟有翅膀的動物譬如貓、狗、倉鼠及鳥類等，在下列情況之下是最容易引起過敏反應的動物：

- 跟動物玩耍，特別是在室內。
- 清除動物休息的場所、鳥籠、小屋子或小盒子
- 與過敏原可能散佈的物體接觸，如家具、地毯、床、衣物、動物休息場所、鳥籠、寵物玩具等。
- 在一位衣服上帶有過敏原的人一同待在室內。

黴菌：黴菌是一種普遍可在戶外發現的細菌，是花粉症症狀的常見刺激物，其再生的方法過程使得上百萬的孢子被釋放進入空氣中。因為黴菌非常細小，不可能完全被阻擋在門外的，且黴菌可在任何表面上繁殖。黴菌只要水就可以生存，甚至溼度超過百分之五十的環境就能生存，譬如下雨天、浴室或其他通風不良的空間裡，就是發霉（黴菌的一種）繁殖的溫床。

蟑螂：蟑螂是在世界上每個角落、每個家中都存在的生物，雖然活的蟑螂（乾掉的排泄物除外）不是主要引起過敏的因素，但當蟑螂死亡之後，乾掉的軀殼及碎片就會與家中的灰塵結合，成為過敏原因。

食物：真正的食物過敏是會影響免疫系統的，不要與影響消化系統的食物不適應症互相搞混了。發生最廣泛的食物過敏物質是堅果類，特別是花生。其他會造成嚴重的食物過敏現象還包括有海鮮類、蛋及草莓。很多孩童對牛奶有過敏現象，而小麥製品則會引起乳糜瀉（coeliac disease）。

草莓、雞蛋及堅果類是常見的過敏刺激物。

兩種常見的形式

過敏性鼻炎（花粉症）是一種鼻腔或喉嚨內部黏膜發炎的症狀，會在當空中傳播的物質（過敏原）被吸入較易敏感的人體，並停留在眼睛、鼻子或氣管內膜時，就會發作。過敏性鼻炎的發生若是屋內塵埃、塵微粒、動物皮屑、羽毛或黴菌孢子所引起的，終年都會發作。而季節性過敏性鼻炎的引發原因則是草、樹或花粉，通常在花粉較旺盛的春夏兩季較常發作，因此也被稱為花粉症。

蕁麻疹，也被稱為假膜性喉頭炎，是因為暴露在某種過敏原之下所產生的發癢疹子，引起原因包括了食物，昆蟲及植物。急性蕁麻疹的紅疹現象通常會在幾個小時之內消失，而慢性蕁麻疹則會持續好幾天甚至好幾週，無論急性或慢性都可能會復發。

發生以下情況應立即尋求醫療幫助

在某些傷患當中，對某種特定的食物會產生**過敏性休克**（詳見第40頁），造成呼吸困難、頭昏目眩，或失去意識，**這是一個緊急現象，需要立即的醫療照顧。**如果症狀顯示為無防禦性反應，請立即前往急診室，請勿讓傷患自己開車，因為症狀可能更為明顯強烈，或有造成車禍的風險。

症狀包括：

- 胸部或喉嚨有壓迫感
- 呼吸困難
- 頭昏目眩
- 失去意識
- 假膜性喉頭炎（也被稱為蕁麻疹或風疹塊）（見以下的症狀）

處理方式

若是症狀在過了一兩天之後反而變得更加嚴重，或是造成過敏的因素雖已經移除，但症狀並無改善時，應趕緊尋求醫療救護。過敏原的排除顯然是最佳的治療方法，但不幸的是，當過敏原因是家中微塵時，我們能做的只有利用例行清潔工作來儘量減少過敏原。

若過敏症狀未獲改善，醫生會開一種或多種的治療藥物，藥物的作用可能是針對過敏症"侵襲"時的治療，或是用來抑制或減輕過敏發作症狀的"預防藥"。

在家自行護理：抗組胺劑藥物可幫助緩和眼睛發癢及淚眼汪汪的狀況。有些抗組胺劑藥物是長效性的，效果可以持續很長一段時間，但某些抗組胺劑藥物服用之後則會使人感到昏沉沉的，影響開車或運作機器的安全。發生在孩童的情況下，藥物的鎮靜作用如果會影響到學校課業，這時候應以慢性作用的抗組胺劑藥物代替。

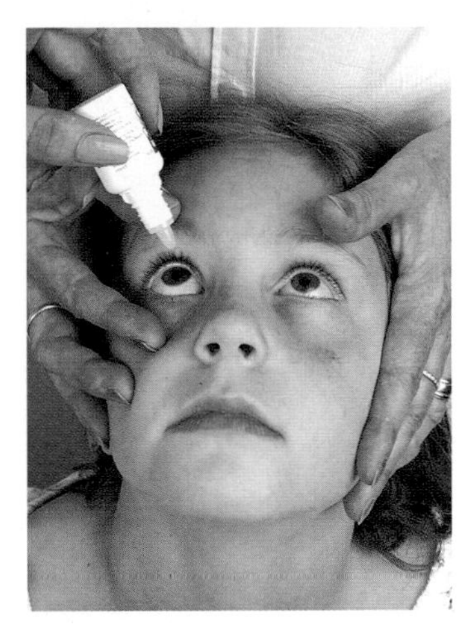

具有解充血作用的眼睛滴劑可幫助減輕眼睛發癢的現象。

卡拉明（Calamine lotion）對治療蕁麻疹很有效，而解充血作用的眼睛滴劑可以幫助減輕眼睛發癢的現象。鼻用的解充血劑在使用上應該小心謹慎，因若使用過度頻繁或使用時間超過二十四小時，反而有反彈效應的危機。

改善治療：當過敏性鼻炎的刺激物為單一的過敏原時，醫生會指定一個注射療程，使得傷患在一段期間內暫時失去敏感度（此稱免疫療法）。情況嚴重的季節性過敏性鼻炎可用含有色甘酸鈉（cromolyn sodium）鼻噴劑及眼睛滴劑來治療；類固醇鼻噴劑也十分有效。

預防措施

降低過敏反應最佳的方法，就是減少暴露在過敏原之下。當過敏原是家裡所寵愛的寵物時，是很難下決定的－讓牠繼續留下來或是把牠送走。在任何情況下，都要花約幾個月的時間來使得過敏症狀消失。替代方式就是將寵物置於屋外，或讓沒有過敏現象的家族成員照顧寵物，儘量減少與過敏傷患的接觸。

若有家人遭受過敏症之苦，定期的清潔家中寵物或幫助減少寵物毛髮掉落，如此一來可以避免過敏反應

通常來說，定期的清潔寵物有其效果，但過度的清潔反而會造成皮膚問題，如此一來只會加重問題嚴重性，另外避免長毛髮的寵物也有幫助，因為長毛的動物比短毛動物有質量更多的毛髮。紡織品是一個灰塵微粒的理想溫床，所以儘量減少地毯，布製的窗簾及椅子，並以木板地代替地毯，皮革取代布製椅子，百葉窗取代窗簾。確保家中表面常保清潔及無塵狀態，定期清洗床單被褥，寵物床也應該定期清洗並置於陽光下自然曬乾。

讓浴室跟廚房常保持通風良好以降低黴菌及霉菌發生的機率。風扇上的黴菌可以使用稀釋漂白水（次氯酸鈉）或殺真菌劑加以清除。

叮咬傷及螫傷 Bites and stings

叮咬傷害可分成影響皮膚表層及組織的傷口（如被貓狗咬傷或被人咬傷），以及被注入毒液或毒素的傷口（如被蜘蛛、蛇類或海洋動物螫咬傷）。在遭受動物咬傷的情況下，傷口區域受到感染的風險，往往高於因叮咬傷造成的身體損傷。若被人類咬傷，應立即進行施救，以免因為這種傷口看起來比較不嚴重而輕忽。被沒有毒性的昆蟲螫咬傷的話，通常並無大礙，只會造成局部的不舒服，如發癢及紅腫；但若被有毒性的昆蟲及某些有毒的蛇類或蜘蛛螫咬傷時，會引起身體系統性反應（會對全身造成影響），需要藉助生命維持系統及抗蛇毒素的血清來加以治療。

發生以下情況應立即尋求醫療幫助

- 當傷患出現呼吸困難的情形者。檢查**ABC**（詳見第22-23頁以及第165頁）；實施維生技巧直到醫療協助抵達現場。（詳見**人工呼吸**第26頁；**過敏性休克**第42頁）。
- 傷患被嚴重叮咬傷，特別是被野生或不知名的動物叮咬傷患。
- 傷口需要縫合者（特別是傷口位於臉部或手部時，更需要緊急的醫療救護）。
- 傷患在最近五年內沒有施打破傷風疫苗。
- 任何被咬破的傷口。

動物咬傷

動物造成的咬傷通常會使得皮膚破損及流血，同時可能會有穿刺傷、碎裂傷或挫傷。小傷口可以先經過清水清洗後，清潔包紮並塗上抗菌軟膏，但所有發生在臉部及手部的傷口則須特別的醫療照顧。被貓咬傷通常比被狗咬傷具有更高的感染風險，除非最近已經施打過破傷風疫苗者，否則應該在被咬傷後二十四小時之內儘快接種破傷風疫苗。

禁止事項

- 切勿任意移動一名被蛇類咬傷的傷患，應保持穩定狀態以防止毒液擴散。必要的話，將傷患帶到安全處。
- 切勿於蛇咬傷口上使用止血帶或其他有束緊功能的設備，或企圖切開傷口與吸出毒素。

尖銳的狗牙齒可能會在幼兒嬌嫩的皮膚上造成極為疼痛的傷口，所以應避免幼兒與狗玩得太過激烈

啃咬傷害

引起原因

寵物是造成動物咬傷最主要的兇手，特別是對孩童的危險性更高，所以決定繼續飼養寵物且家中有嬰幼兒的家庭更應該注意。關在鳥籠中的鳥也一樣具有危險性，可能會造成難以處理的咬傷，因此應該避免家中小孩把手指伸進鳥籠中。

預防措施

- 教導小孩應以尊重的態度對待動物，不應該戲弄或故意激怒動物。
- 應教導小孩勿接近陌生動物。
- 慎選寵物，特別是當家中有幼小孩童時，同時最好應從聲譽良好的飼養者獲得寵物的來源。雌性比雄性不具攻擊性；有些種類的狗性情較其他種類溫和有耐心。

動物及人類咬傷之治療方式

- 安撫傷患並使其安心、鎮靜。
- 為了預防污染，應戴上乳膠製手套，並於處置任何傷口前後，均用肥皂徹底清洗雙手。
- 用溫和的肥皂及流動的清水沖洗傷口。塗敷抗菌乳膏後，以乾淨紗布或繃帶包紮妥當。
- 如果被咬傷的傷口在流血，應利用消毒過的紗布或清潔乾燥的布料，施以較強力的直接加壓止血法，直到血液不再流出。如果第一層紗布因為血液的流出而潮濕者，切勿移除，而應直接加上第二層紗布加以覆蓋。如果情況許可，將傷口處舉高。
- 所有破壞皮膚的咬傷都有罹患破傷風的危險，除非最近施打過最新的破傷風疫苗，否則應立即請醫生施打抗破傷風的疫苗。

破傷風及狂犬病

破傷風是由住在土壤以及人類和動物腸道的毒素所引起，會對控制肌肉活動的神經有影響。

大約於感染後五到十天之內會出現症狀，症狀包括了發燒、頭痛，以及下巴、手臂、頸部和背部部位的肌肉僵硬情形。疼痛的肌肉痙攣或抽搐現象會發生於喉嚨及胸壁處，進而產生呼吸困難的情形。若懷疑這些症狀可能是破傷風引起的，應儘速尋求醫療協助。

狂犬病是由患有狂犬病動物的唾液所傳染，它是一種神經系統的潛在致命性傳染病。早期的症狀類似流行性感冒，而後進展到顏面麻痺、口渴、喉嚨抽搐、迷失心神及昏迷等現象，如果盡早治療，痊癒的可能性極大。在已開發國家當中，狂犬病已極為少見，但任何動物咬傷都需要到醫院檢查，並接受疫苗注射（台灣並非狂犬病疫區，因此被狗咬傷不必注射狂犬病疫苗，事實上現在只有疾病管制局有常備疫苗）。

- 任何人類的咬傷應該立即請求醫療救護。如果最近五年內沒有施打過破傷風疫苗，在被咬傷之後應立即請求施打，而平常應每十年補施打一次破傷風疫苗為宜。

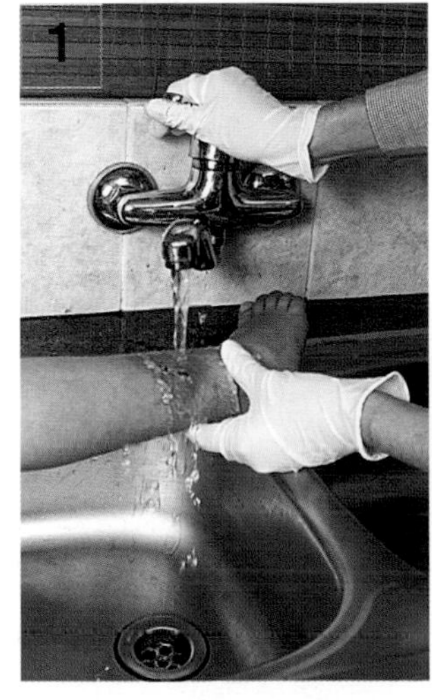

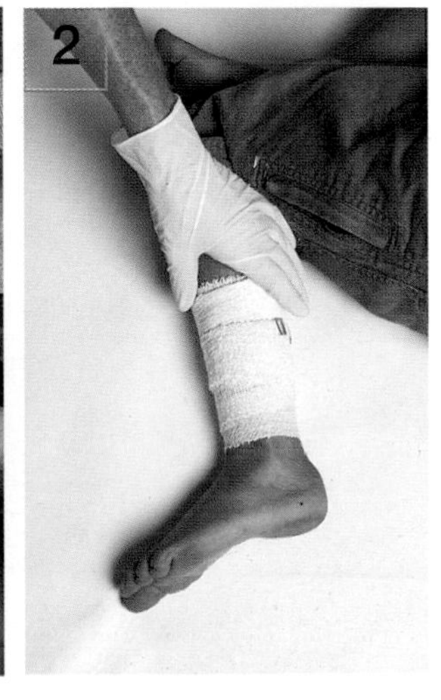

1. 將傷口置於水龍頭下用清水沖洗至少三到五分鐘。

2. 塗敷抗菌乳膏並以乾淨紗布或繃帶包紮妥當。

昆蟲叮咬傷及螫傷

《症狀》

飛行昆蟲類：

被飛行昆蟲類螫刺的傷口通常會造成疼痛的紅腫現象，大部分的紅腫在二十四小時之內會好轉。唯一的風險是如果同時有多處螫刺傷且有大量的毒液注入體內，就會造成毒素反應如：發燒、嘔吐及腎臟功能不全現象。若本身有過敏現象，則出現的反應症狀會更為激烈。

爬行昆蟲類：

- 被褐蛛的螫傷，會引起傷口處局部的疼痛、紅腫、類似水泡般的痛楚且痊癒得較慢。黑寡婦、鈕扣蛛及漏斗網蛛等釋放出的毒液，具有攻擊人體神經系統的作用，造成肌肉麻痺及呼吸困難等情形。
- 大部分蠍子類的螫傷，會造成嚴重的局部性疼痛且對碰觸十分敏感，並使身體感到冷熱交加，但有些蠍類螫傷則會造成肌肉疼痛或肌肉痙攣，產生昏迷及抽搐。

急救藥物

如果知道在家中的任何成員對蚊蟲叮咬傷有過敏現象，醫生會建議你家中的急救箱內放一些腎上腺素藥劑及注射器以便不時之需。給予藥劑時，注射在大腿的肌肉，這種藥劑在發生嚴重的過敏或過敏性反應的時候是可以保命的，但切記務必正確的給予藥物及用量。遵從醫生指示，並於使用前詳細閱讀藥物包裝上的使用說明。

除了昆蟲和蜘蛛，在地球上還有許多生物，其中大部分都是對人體沒有害處的，或頂多是發炎紅腫，但有些生物是有害的，只要被叮咬傷或螫傷，就會造成難以忍受的痛楚，甚至有生命的危險。如果被某種蟲類叮咬或螫傷，試著將其殺死並帶到醫院給醫生看（如果在安全範圍之下不難做到），這樣可以幫助辨識被何種生物叮咬或螫傷。

引起原因

飛蟲類會對干擾其巢穴、棲息地（如蜂窩）的生物會進行叮咬的反擊，特別是當你喜愛從事戶外活動的話，發生機率會增多，在夏天時期遇到此類情形的風險更大。爬行昆蟲類則會因遮蔽物的石頭與樹枝被移除或搬開時，就會進行螫咬的反擊動作，甚至看起來像是已經死亡的昆蟲，也可能會做出叮或螫的動作，故應特別告誡你的小孩不要隨便撿起死掉的昆蟲。

飛行昆蟲類：

蜂類（蜜蜂、熊蜂）、螞蜂、大黃蜂、雀蜂

爬行昆蟲類：

- 蜘蛛（黑寡婦、褐蛛、隱士蜘蛛、提琴蜘蛛、紐扣蛛、漏斗網蛛）、蠍子類
- 壁蝨、跳蚤、螞蟻及臭蟲

預防措施

- 切勿挑釁、戲弄昆蟲與動物，且應避免在如蜂巢等昆蟲動物巢穴附近急速、慌張的移動。
- 在皮膚或有保護衣物上使用適當的驅蟲噴劑。
- 當在戶外用餐時應小心警惕，特別是當有可樂或其他含糖分的飲料，容易吸引蜜蜂前來。

了解襲擊你的昆蟲

蜂類：遭到蜂類叮咬後，其刺通常會停留在皮膚裡，切勿嘗試用手把刺取出，因為如此一來可能會擠壓毒囊，往體內注入更多的毒液。利用刀背或是信用卡等物品來小心扳移出毒針，且要避免擠壓毒囊。另一個替代的方法是利用一把好鑷子，儘量鉗住毒針露出皮膚又最靠近皮膚的地方，然後拔起，要避免夾到毒囊的部位。

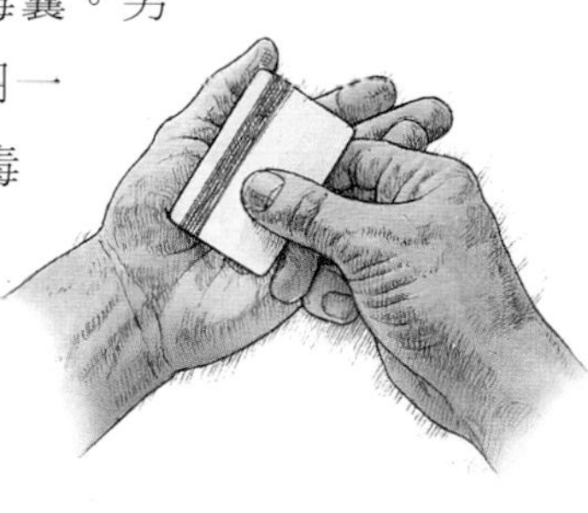

壁蝨：壁蝨這些寄生蟲會黏附在人的皮膚上，並且吸食人類的血液。壁蝨可以小到如針頭，也可以大到像指甲一般，牠們生長在密林的灌木叢及長草堆當中，可能會吸附在從頭到腳的任何一個身體部位。遭到壁蝨叮咬的不舒服症狀包括被咬部位出現紅疹、疲勞感、強烈頭痛及類似流行性感冒的發燒，如果懷疑產生了被壁蝨咬傷後的症狀，應立即請醫生作詳細檢查。

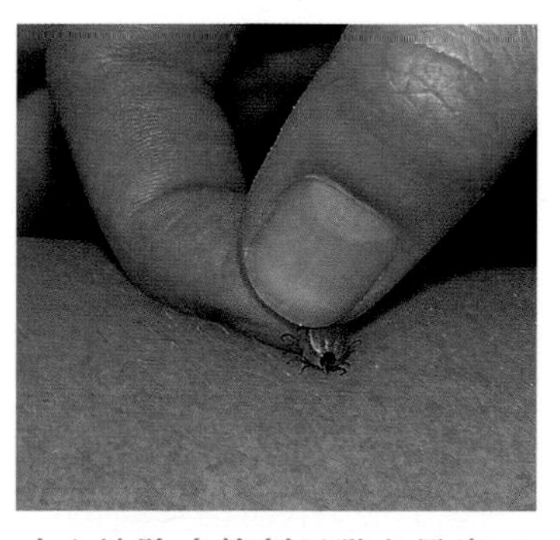

小心地除去螯刺以避免昆蟲口器部位持續嵌入皮膚。

某些壁蝨會引發萊姆症（Lyme disease），它是一種傳染病，如果不治療就會造成肌肉或關節疼痛，以及影響心臟及神經系統。

避免壁蝨叮咬的最佳方式就是當走過灌木叢及長草堆的時候，盡可能的包覆身體不使肌膚露出。穿著不露出皮膚的鞋子或長靴，同時配上長襪，將長褲角塞近長襪當中，穿著淺色衣服可以幫助較容易發現壁蝨是否附著在身上。當回到家之後，在清洗衣物前，應先抖幾下衣物，確定沒有壁蝨掉落到地面上，徹底檢查全身，特別注意頭皮、鼠蹊部、腋窩及膝蓋內側，同時應該確實檢查傷口紅腫隆起處，因為有時壁蝨會藏匿在被咬傷的紅腫部位。

處理方式

被昆蟲叮咬的併發症包括了對毒物的反應、傷口部位的感染及休克現象。對昆蟲叮咬傷的過敏反應通常會在幾分鐘內發生。嚴重的過敏反應（也被稱為**過敏性反應**，詳見第42頁）可造成呼吸困難，且若不治療可能會快速致命。

- 檢查**ABC**（詳見第22-23頁）。如果必要的話，開始進行**人工呼吸**（詳見第26頁）或**胸部按壓**（詳見第22-37頁），並請求急救協助。
- 如果傷患發生嚴重反應或是叮咬傷發生在口腔或喉嚨處，應立即求助醫療救護。
- 安撫傷患讓傷患保持冷靜，因為焦慮及身體上的移動會加速毒素擴散到全身。如有**休克**的情況，應儘快處理（詳見第40頁）。陪伴傷患直到醫療支援抵達。
- 除下手錶、戒指及其他有束緊、壓縮功能的物品，這些物品可能會造成傷口處的紅腫現象。
- 如果疼痛情況很嚴重，且在幾個小時內沒有減緩消失的跡象，應立即將傷患送至醫生處。在等待過渡期間，應保持傷患固定不要移動，以免毒素擴散。如果傷患的呼吸出現問題，立即進行急救呼吸術。
- 如不需急救協助，用肥皂及清水來清洗傷口及週遭部位之後，用冷濕布、冰袋或乾淨且用水浸濕的紗布覆蓋傷處，可減低紅腫及不適感。
- 服用溫和止痛劑來減輕疼痛。
- 在接下來的二十四到四十八小時內，觀察傷口是否有感染的跡象（如發紅、腫大、潰瘍或疼痛程度增加）。

蜘蛛、蠍、蛇類

蜘蛛

大多數的蜘蛛在受到打擾時會螫咬打擾者，所以應避免破壞、或無任何防範下掃去蜘蛛網，同時在整理園藝的時候也應多加小心，因為蜘蛛常常居住在石頭之下及一些便利的棲息場所。許多螫咬傷發生在夜晚，因為在睡覺時候一翻身，常常就壓到了這些夜間出沒的昆蟲。蜘蛛發出的毒素是會毒害神經的（影響中樞神經系統），在一些嚴重的案例中，螫咬傷可以造成呼吸問題及不規律的脈搏，演變成失去意識及死亡。

蠍子及蜈蚣

雖然蠍子及蜈蚣的螫咬傷會引起疼痛，但除非傷患是孩童，否則很少會嚴重到致命。就像蜘蛛一樣，當他們的天然棲息地被破壞或打擾的時候，蠍子才會做出攻擊動作，所以在翻開石頭或樹枝時都要特別小心。蠍子是夜間動物，白天都待在岩石、木材及可能提供陰影和保護的環境底下，如果在蠍子會出沒的地方露營，每天早上應先檢查自己的鞋子或長靴內是否藏有蠍子。

蛇類

兩千多種類的蛇當中約有三百種是對人類有毒的。依種類的不同，其毒素可分為具有毒害神經、血液、細胞等作用。請注意！所有蛇類的咬傷均須醫療急救，應在第一時間送傷患前往醫院急診室施打解毒藥劑。孩童因身體體積較小，容易產生併發症甚至死亡。大多數的人都知道是何時被咬傷的，但若是傷患失去意識無法溝通，則可從皮膚上被蛇牙咬傷的穿刺傷口看出一些症狀，如傷口處紅腫或其處的區域皮膚變色，呼吸困難及脈搏急促等。如傷患是清醒有意識的，也可能會發生感覺麻木及虛弱感、視力模糊、發燒、嘔吐、噁心、頭昏腦脹及失去肌肉協調性，還可能出現盜汗、抽搐及口渴等現象。

處理方式

- 立即請求醫療幫助。同時，安撫傷患並限制傷患的行動，因為身體使力會造成毒素更快速擴散至全身。將被螫咬的部位置於比心臟低的位置以減低毒素運行。
- 監視傷患的生命跡象（脈搏、呼吸及血壓）。如果有休克現象發生時，應使傷患躺平後，將腳部抬高約三十公分並以保暖的毯子覆蓋傷患。
- 若螫咬傷發生在手及手臂處，因為四肢可能會紅腫，所以應該去除如戒指、手錶等物品。
- 在傷口處上使用大型、重疊的壓力繃帶，並從傷口處開始環繞且覆蓋肢幹的全部。儘量不要移動到肢幹並利用夾板來固定肢幹。
- 毒素可能會引起部分的視力喪失，如果毒素進入眼睛，立即用清水清洗。將眼睛四週的毒素擦掉，並防止傷患揉眼睛。
- 如果無法用其他方式辨識是遭何種蛇類咬傷，切勿除去停留在未遭破壞的皮膚上之毒素（如毒液等），可幫助辨識是被何種蛇類咬傷。

從咬傷處往腋窩
以繃帶或其他包紮用具加以包紮。

海中生物

一些生存在海洋中的動物及有機體也是造成螫咬傷的元兇。被珊瑚、海膽、原錐形甲殼軟體動物及某些軟體動物攻擊的話，可能會導致抓傷或撕裂傷，而水母觸鬚及海葵上的刺絲胞，則會造成噁心的傷口。

體積較大的海中生物像是梭魚、海鰻、魟魚及鯊魚會造成十分嚴重的咬傷，而有毒的脊椎動物如石頭魚及蠍子魚則會造成疼痛的傷口，電鰻會引起嚴重的電擊休克。即使那些即將變成垂釣者的晚餐，看起來是已經死掉的魚，其牙齒及皮膚都有傷人的攻擊性。

被海中生物咬傷或螫傷，最普遍的理由是干擾到其天然的棲息地。忙著探險岩礁及在海岸線或礁脈附近潛水的孩童，被海中生物咬傷或螫傷的風險最高，但是熟悉海洋的游泳者及漁夫也很可能意外遭遇到海中生物而發生傷害。所以當遇到所有的野生生物時，最佳的方式就是給予寬廣的空間及尊重牠們的棲息地及生存環境。

《症狀》

- 局部的疼痛、灼熱感及紅腫現象。
- 軟弱、虛弱及頭昏。
- 呼吸困難或呼吸時有疼痛感。
- 有束縛感及肌肉衰弱感。
- 發燒及流汗。
- 鼠蹊部及腋下感到痛楚。
- 感到噁心、嘔吐或出現腹瀉症狀。
- 流鼻水或是過度流淚。
- 不規律的脈搏。
- 麻痺現象。

處理方式

- 若受傷現場有受過訓練的救生員，請求協助。
- 除去螫咬的刺之前應帶上手套，以避免反而螫傷自己。
- 讓傷患保持安靜不要隨意亂動，如此一來可減緩身體內毒素的運行。
- 將醋或稀釋過的醋酸（稀釋濃度5-10%）倒在螫咬傷口及傷口四周。
- 一旦撤去所有排出毒素的吸盤部分後，用棒狀物扳除觸鬚，直接用手掃除會造成更多螫傷。
- 用海水清洗被螫咬的部位，以除去所有留在皮膚上的刺絲胞。
- 含有利多卡因（Lidocaine）或苯佐卡因（Benzocaine）（以上皆為局部麻醉劑）的曬傷止痛藥，與溫和麻醉劑有可以用來減輕疼痛的相同功效。
- 利用冰濕布（或冰塊）來減輕發炎、發癢及發紅症狀。
- 如果傷患出現持續的肌肉抽搐現象，應立即尋求醫療照顧。
- 如果出現水泡症狀應立即請求醫療協助，因可能會導致感染。

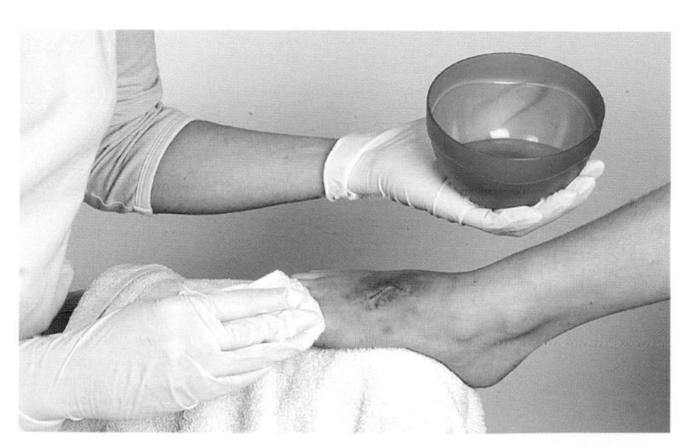

用醋清洗被水母螫咬的傷口可限制水母觸鬚的毒素擴散。

身體疼痛 Aches and pains

雖然疼痛是大多數人都會選擇避免的感覺，但疼痛卻提供了一個重要的功能，就是向我們提出身體的某個部位或系統出現了狀況或情況不佳的警訊。當分布在全身的特殊神經末端，也被稱為疼痛纖維，產生過敏、損傷或處於壓力之下時，便會出現痛楚感。疼痛是身體中的傷害或疾病產生的早期警告訊號，告訴我們應該要注意發生疼痛的原因，同時該是服用鎮痛劑止痛的時候。

《症狀》

- 與劇烈、急性損傷有關的疼痛會隨著損傷復原而恢復。大型的擦傷或血凝塊的損傷可能在幾天之內傷口處都會十分敏感。
- 消化道的過敏或阻塞有時會造成絞痛感。嬰兒跟幼小孩童無法用言語表達出這種疼痛，但若是他們表現出強有力的哭聲，同時有段時間持續周期性的抬腳動作的話，即有腹絞痛發生的可能性。
- 因身體上的過度使力或提重物而使得膝蓋、臀部或下背部發生突然的刺痛，有可能是骨關節炎的併發症，這種情形常常發生在老年人身上
- 從下背部延伸至腿部後方的疼痛，可能是被來自脊椎骨間圓盤滑動現象，而產生之神經壓迫所造成。
- 特別發生在夜間，影響足部關節的嚴重痛楚可能起因於痛風。典型症狀是疼痛的關節會腫大，皮膚會變成紅色且對碰觸十分敏感。

引起原因

- 受傷是最常引起疼痛的原因，可能是突然發生在特定傷害後的疼痛，或者是如骨頭、關節、韌帶及肌腱隨著時間增長，受到反覆的傷害後產生的痛楚，後者常常是因運動傷害所引起。
- 疼痛時常是傳染或感染症，消化道、呼吸道、泌尿道及生殖器官的阻塞，過敏或過度用力後產生的症狀。
- 骨頭退化症的反覆發作情況發生在中老年階段，會使得骨架裡承受體重的骨頭部分（如臀部、膝蓋及腰部）一節節互相鬆脫，或是互相擠壓，並因為人體活動而產生痛楚，以及早上起床時感到骨頭僵硬。
- 在人體內一個有限空間的區域裡出現擴大的團塊，譬如說腫塊，依照團塊長大的速率及可容許其增大的空間，而會產生嚴重度不等的疼痛感。因此，發生在頭顱內而造成嚴重痛感的相同尺寸腫塊若發生在腹部，可能不會造成任何不適。
- 發生在身體任何部位的感染都可能會造成局部性的膿瘡，並產生持續且嚴重的痛楚，不但影響睡眠也可能會產生發燒現象。表面的膿瘡呈現紅色、敏感且腫大，但有些膿瘡是深埋在皮膚底下，很難發現。

- 局部的頭部疼痛可能是由**頭痛**或**偏頭痛**造成的（詳見第98頁）。
- 青少年在青春期，可能會因突然加速的成長而經歷“發育時期的關節疼痛”。

處理方式

- 疼痛的治療過程應包含症狀的紓解，以及已辨識出症狀引起的潛在原因並且做好妥善處理。
- 要解除疼痛，儘可能的使用不會造成過敏現象的藥物，不需處方箋的止痛藥品如普拿疼及阿斯匹靈通常都頗為安全，可以作為止痛藥的第一選擇；因腸道或泌尿道功能失調而引起的抽筋及痙攣疼痛，則必須服用醫生指定的藥物；抗發炎藥物對於改善骨頭或關節疼痛最為有效，譬如：治療關節炎的止痛退燒藥，但在使用前應先詢問醫生傷患體質是否適合服用，因有可能會發生刺激胃部及產生其他副作用。
- 膿瘡的嚴重疼痛可利用外科手術加以解除。
- 牙痛通常意味著蛀牙後的感染現象，應儘快請牙醫師診治。
- 急性痛風可避免某些食物及服用藥物來阻止尿酸的產生。請向醫生詢問相關的長期治療計畫。

發生以下情況應立即尋求醫療幫助

- 當身體的任何一個部位發生疼痛現象超過二十四小時以上，或疼痛周期性的復發。
- 使用止痛劑的次數過於頻繁，或未經醫生同意而增加吸收劑量者。
- 伴隨著噁心、嘔吐或例行排便時間改變的腹肌抽搐現象者。
- 在身體任一側發生抽搐痙攣症狀，特別是出現血尿者。
- 發生疼痛腫大現象者。
- 下背部的疼痛開始延伸到腳部後側。

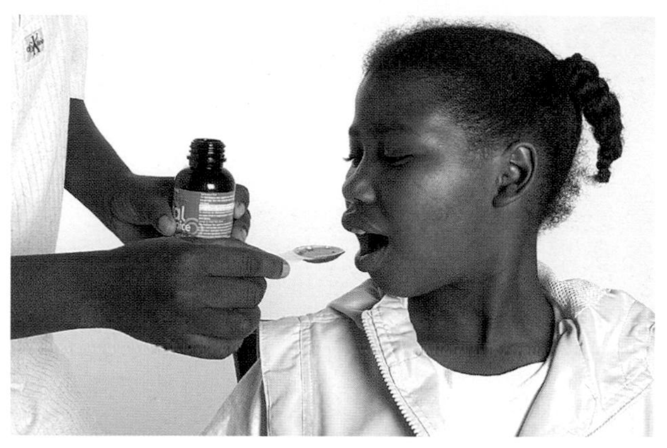

糖漿類的止痛劑最適合給年輕孩童以及那些無法吞服藥丸的人服用。

預防措施

疼痛是對疾病或身體損傷作出的正常生理反應，同時是在第一時間應留意的重要警告。在許多情況下，疼痛是無法預防的，但能夠在輕微疼痛轉變成更嚴重之前，確保疼痛的原因已被診斷出來並獲得適當的醫療處置。

在所有情況下，應服用止痛藥來治療一個單獨的疼痛現象，但若是疼痛一直持續、復發或是開架類止痛藥無法對疼痛產生效用時，即應儘快去看醫生而不要猶豫或延遲。

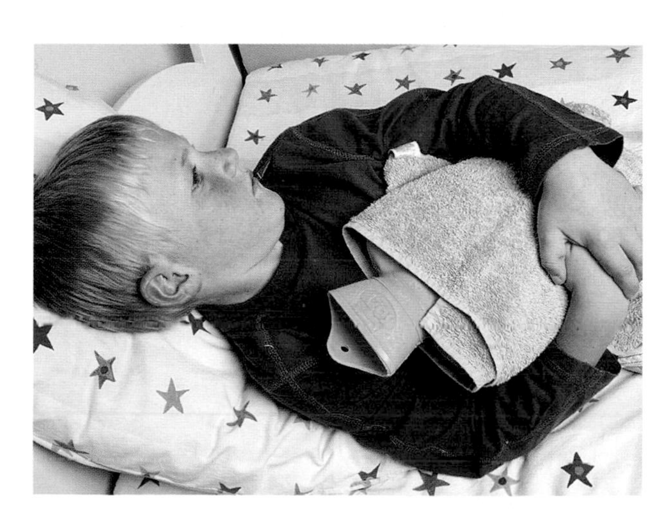

熱水袋及躺在床上休息，對於減輕不斷困擾自己的疼痛是很好的方法。

熱衰竭及中暑

Heat exhaustion and heatstroke

熱衰竭及中暑症狀通常是由炎熱的環境，及身體使力的混合狀況下產生的結果。當處在炎熱氣候之下，我們會流汗，導致水分及鹽分的流失，使得身體呈現脫水現象，導致熱衰竭，如果不進行保護措施，血壓可能會因此下降且脈搏跳動會減緩，導致傷患昏厥。如果傷患繼續暴露在熱度之下，身體可能無法光以流汗來冷卻體溫，結果就是造成體溫急速上升，演變成可能危害生命的中暑了。熱衰竭及中暑兩者均可以採取預防措施。孩童、過度肥胖者及老年人為中暑高危險群，但有時如果忽略警訊，甚至一個在巔峰狀態的運動選手也可能因中暑而喪命。

《症狀》

雖然中暑前可能會先發生頭痛、頭昏及疲勞等現象，但經常是引發急速的發燒、體溫升高（攝氏四十度以上）及快速的脈搏跳動（每分鐘160下）。如果不緊急治療，中暑會導致昏迷、腦部損害，在嚴重的病例下，還可能因腎臟問題而導致死亡。

早期徵候：

- 流汗過多
- 疲勞
- 肌肉痙攣
- 頭昏腦脹
- 頭痛
- 噁心及嘔吐

如果繼續暴露在熱度之下，則會發展出以下徵狀：

- 體溫上升
- 脈搏跳動加快及呼吸淺快
- 熱燙、乾燥及發紅的皮膚
- 感到焦慮及迷惑
- 虛弱、怕光
- 情緒上的無理取鬧
- 痙攣抽搐

引起原因

- 持續暴露在非常炎熱的天氣下（遠超過攝氏三十五度），特別是同時為高溼度的狀態下（溼度超過50%以上）。
- 在炎熱天氣下進行身體勞力活動或運動。
- 進行耐力或競爭力的運動，若體質上不夠強健，更容易發生中暑情況。
- 在炎熱天氣裡穿太多衣物。

記得在炎熱天氣裡要多多補充水分。

處理方式

熱衰竭

熱衰竭通常只要在陰涼地方休息及補充水分（非酒精、非二氧化碳飲料）即可恢復健康。避免喝含有咖啡因的飲品，鼓勵傷患每小時都補充少量水分直到完全恢復，除去不必要的衣物並用溫熱水浸濕的布擦拭身體，如此可幫助降低體溫。如果傷患的情況沒有改善，甚至惡化或是意識程度改變時（譬如說神智昏迷、喪失意識或發生抽搐），應立即請求醫療協助。

中暑的處理方式

當等待醫療救援抵達前，應進行以下步驟：

- 將傷患帶到陰涼處躺平，把腳抬高約三十公分。
- 用浸了溫熱水的濕布擦拭身體，並將冰濕布置於頸部、腋下及鼠蹊部。使用電風扇或雜誌木板等，在傷患周圍製造涼風。

注意事項

中暑是醫療緊急狀況且需要住院治療的。

應請求醫療協助，不要遲疑。

- 如果傷患恢復意識，應每隔十五分鐘提供非酒精、非二氧化碳的清涼飲料，或是鹽水溶液（詳見第108頁），如果沒有以上飲料，涼開水即可。
- 若發生**休克**，實行急救措施（詳見第40頁）。
- 若**抽搐**情況發生，保護傷患免於抽搐傷害，並施行急救措施。
- 若傷患**喪失意識**（詳見第22-37頁），給予適當的急救措施。
- 如果傷患有醫療上的問題，譬如高血壓，應注意是否會產生併發症。

X 禁止事項

- 勿使用酒精擦拭來降低傷患體溫。
- 勿低估熱衰竭或中暑造成的嚴重性，特別當傷患是孩童、老年人及傷患時，更不應忽略。
- 勿提供用來治療發燒等藥物，如阿斯匹靈。
- 若傷患一直嘔吐或喪失意識時，切勿提供任何飲水或飲食。
- 切勿准許剛遭遇過中暑的傷患在恢復之後立刻進行體力活動。

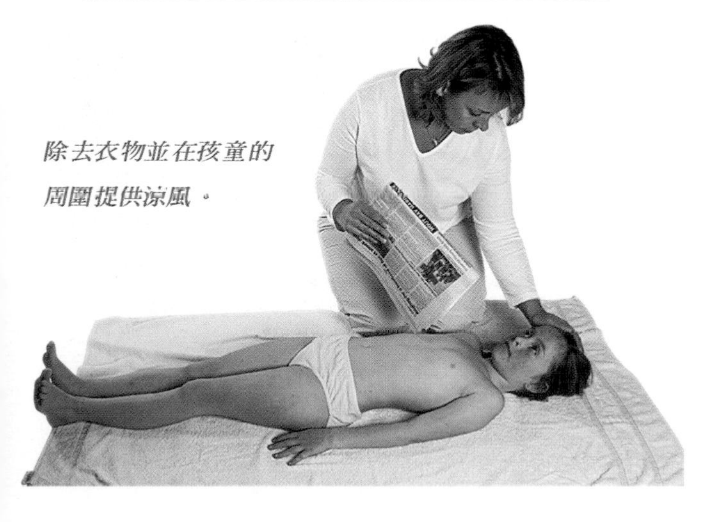

除去衣物並在孩童的周圍提供涼風。

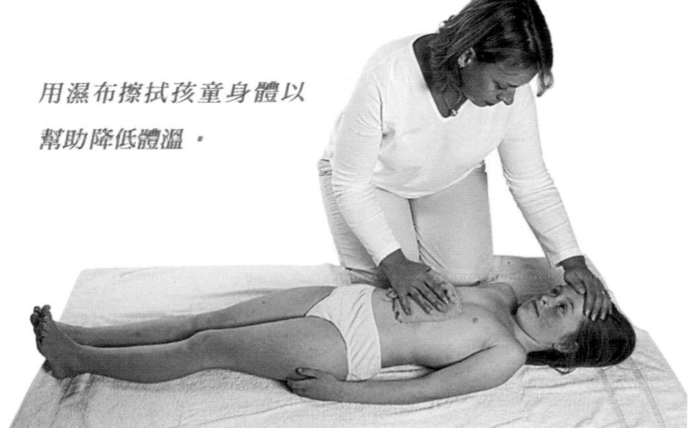

用濕布擦拭孩童身體以幫助降低體溫。

將一茶匙鹽巴混合在一公升的水中攪拌均勻，每十五分鐘給予傷患半杯（125ml）飲用。若沒有冷飲或鹽水溶液，單純的白開水也可以。

預防措施

- 在炎熱天氣下運動時，須多補充鹽分及水分。
- 多補充水分比少補充來得好，但也要注意避免水分攝取過量。
- 避免在炎熱天氣下進行激烈的戶外活動。如果在炎熱又潮濕的氣候下工作或運動，應每隔一段時間在陰涼的地方休息，譬如室內或樹陰下。
- 穿著淺色、寬鬆衣物並配戴有帽緣的帽子。特別是當孩童在炎熱天氣下活動時，更應該做好此種設施。
- 老年人、肥胖或是有醫療狀況都會降低身體的熱度調節結構，應避免過熱的情況。
- 觀光遊客很容易發生熱衰竭，如果到熱帶國家旅遊，應先花點時間適應當地氣候與環境，可減少其風險。

將發生熱衰竭的孩童置於陰涼處，並給他補充水分。

低體溫症 Hypothermia

低體溫症發生在當身體失去比平常更多的熱度及體溫時，通常是長時間暴露在冷空氣當中的時候，此症狀的特徵是低於攝氏三十五度的低體溫。低體溫症的症狀發展得較為緩慢，會影響到身體的心理及生理狀態，導致對事情漠不關心，昏昏欲睡及困倦等現象，這使得傷患本身可能尚未察覺出患有低體溫症，而無法儘速採取預防措施或必要的救護。通常患有慢性疾病的傷患，譬如心臟或循環系統疾病，以及年幼或老年人、疲倦或營養不足、受到藥物酒精影響的人，產生低體溫症的風險為之增高。

《症狀》

- 臉色蒼白及冰冷
- 虛弱
- 說話模糊不清
- 神智不清
- 呼吸或心跳緩慢
- 休克
- 昏迷
- 心搏停止
- 對事情漠不關心，昏昏欲睡及困倦。
- 傷患無法控制地顫抖，但注意當體溫十分低的情況下，顫抖情況反而會停止。

注意事項

因為低體溫症可能致命，所以需要適當的治療。如果最初的急救方法無效或者沒有適當施行，那麼最嚴重的症狀包括：心跳停止、休克與昏迷將會跟著發生。

引起原因

會造成低體溫症的因素如下：

- 寒冷的氣候，特別是同時伴隨著強風時，其極凜冽的狀況下會製造一個降低人體體溫的環境，有時甚至會使體溫下降得過低。
- 長時間浸泡在冷水當中。
- 暴露於室外極度寒冷的氣候中，而沒有穿著足夠保暖的衣物。
- 在寒冷、潮濕或強風中，長時間持續穿著潮濕的衣物。
- 在寒冷氣候之下過度使力。
- 當受到某種藥物或酒精影響，並持續暴露在寒冷狀況中。
- 因過緊的衣服或保持同一個躺姿過長，所造成的身體循環不良。疲勞、喝酒過量（酒精攝取過量）、某些藥物及抽煙等皆會妨礙循環系統。
- 在特別寒冷的天氣裡，沒有攝取足夠的熱食及水分以補充身體所需。

處理方式

- 儘快將低體溫症患者帶往暖和之處，並請求醫療協助。
- 除去潮濕的衣物。如果衣物是乾燥的，將衣領及袖口解開，不要忘記腿部及踝足部分亦然。
- 讓傷患墊著一層毯子或夾克以隔開冰冷的地板，以具保暖性的毯子包覆身體。由於頭部部位有許多血液供給，頭頂處特別容易散熱，應該保持頭部以及頸部的溫暖（如覆蓋毯子）。
- 將熱水袋置於頸部、胸部及鼠蹊處（大腿範圍），並保持頭部溫暖。
- 如果傷患意識清醒，有行動能力且吃東西能不噎到，則可提供溫熱非酒精的甜飲料，如此可以加速溫暖全身的時間。
- 如果是在十分寒冷且無法將傷患置於溫暖處的情況下，至少讓傷患能夠避開寒風及冷空氣的地點，覆蓋傷患讓他們保持溫暖，並讓他們避免接觸到冰冷的地板。
- 陪伴傷患直到醫療協助抵達。

利用自己的體溫及毛毯來溫暖寒冷的嬰兒。

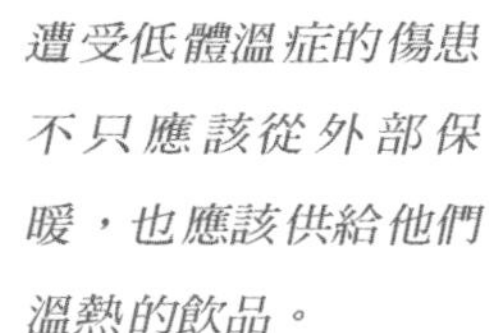

遭受低體溫症的傷患不只應該從外部保暖，也應該供給他們溫熱的飲品。

禁止事項

- 切勿以為沒有動作且冰冷的人就是死掉了，將其帶往安全處，並如果需要，開始對傷患進行**人工呼吸**（詳見第26頁）及**胸部按壓**（詳見第22-37頁），同時提供以上之急救措施。
- 切勿直接使用燙熱物品來溫暖傷患，如熱水、過燙的熱墊或電爐，傷患可能會因為感覺遲鈍而不會產生被燙傷的痛楚，但以上行為可能已經造成了傷患燙傷的情況。
- 切勿給予傷患酒精類飲料，即使在恢復健康及體溫之後也應避免。

低體溫症程度分級

輕度
基礎體溫於
攝氏35-32度

- 抱怨感到十分寒冷
- 辨識能力低下、意識混淆、暈厥
- 說話模糊或結結巴巴
- 無法控制的顫抖
- 冰冷、手腳發青
- 肌肉僵硬
- 大量尿液的產生，可能會導致脫水現象

中度
基礎體溫於
攝氏32-28度

- 意識漸漸低下
- 顫抖現象可能停止
- 肌肉更為僵硬
- 不規律的心搏

重度
基礎體溫於
攝氏28度以下

- 陷入意識不明狀態
- 呼吸緩慢
- 緩慢且不規律的心跳
- 心臟跳動可能停止

- 如果你的車子在荒涼地點或路況不明處拋錨或發生故障，應在車旁等待，對於經過的人來說，車子因體積較大，比人更容易被發現。如果決定放棄車子，應在車旁先放置一個明顯的標示說明你離開車子的時間，前往方向，手機號碼以及其他有助於他人找到你的訊息。
- 保護嬰兒及幼小孩童免於寒冷的狀態，特別在晚間更應注意，如果擔心，寧願讓小孩與自己同睡。
- 在登山或健行之前，找出並牢記前往地點路上附近的路標，及可能的避難場所。

預防措施

- 穿戴上裝備品來保持頭部溫暖，以及減緩熱度從頭頂散失的速度。
- 戴上連指手套好過普通手套，而普通手套好過沒有戴任何遮蔽物。
- 穿著適當的衣物來保護無遮蔽及敏感的部位。穿著的衣物應該是要具有防水及防風材質的，且最好穿著多層衣物。
- 避免潮濕或束緊的衣物，像是很緊的袖口、束褲或會影響到雙腳循環狀況的鞋子。
- 穿戴兩層襪子（先穿一層棉襪，第二層穿羊毛襪），並穿具防水功能及長至腳踝的鞋子。在寒冷的情況下保持溫暖及乾燥的足部是很重要的。
- 在特別寒冷的天氣狀況下外出時需特別小心，應在開車、進行水上活動時穿戴適當的裝備。
- 如果正接受藥物治療，應向醫生諮詢，因為有些藥物會阻礙血液循環或血壓。

讓體溫升高的方法

身體活動（如運動）

保暖衣物

高能量食物

溫暖的安全避難場所

凍傷 Frostbite

凍傷是因極端寒冷的氣溫對皮膚及其下組織所造成的傷害。凍傷通常發生在臉部、鼻子、耳朵、手、手指及腳等這些較多機會暴露在外的部分。損傷的嚴重程度多半是取決於暴露在寒冷氣溫的時間及程度。凜冽的寒風加上低溫，大大增加了凍傷以及低體溫症（詳見第115頁）的風險。

《症狀》

- 凍傷第一個症狀是皮膚如針刺般的疼痛感。
- 跟著便是感到麻木、抽動或疼痛，然後是感覺完全喪失，就像一塊木頭般，皮膚也會變得堅硬、蒼白及冰冷。
- 當受到早期凍傷的皮膚組織解凍之後會變紅且疼痛。
- 在一些異常的病例當中，當組織遭冷凍影響時，皮膚會變得麻木慘白，並會隨之長出水泡及壞疽（黑死組織），骨頭、肌腱、肌肉及神經或會受到傷害。

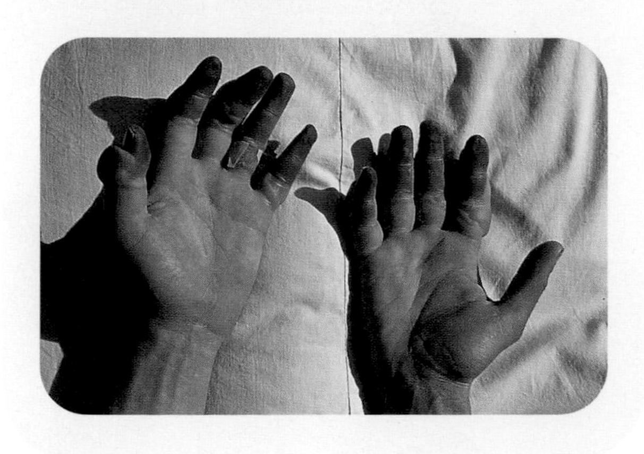

引起原因

長時間暴露在強烈的寒冷當中時，就會造成凍傷，若穿的衣物不夠充足，頭部、手部及足部的保護不足夠時，則情況會更加嚴重。同樣的，外在的因素，譬如冷風也會使得情況加重。

有適當的避難場所及保護，人類幾乎可以生存於任何天氣環境，然而會因某些因素使得受到傷害的風險大為增加，如服用β受體阻斷劑（治療高血壓和心臟病的藥物）、抽煙、酒醉，以及慢性疾病如糖尿病及高血壓。

預防措施

- 當在戶外的寒冷氣候裡冒險時，應穿上寬而防水、多層的上衣作為保護，如連指手套或手套、兜帽、圍巾或毛帽（因為會從頭頂部散失很多熱度）。確保袖口緊貼合身，但不會過緊以免妨害血液循環。
- 選擇好穿脫且具防水功能的鞋子，並套上兩層襪子，先套上棉襪然後是羊毛襪。
- 如果碰到戶外氣候十分寒冷或是在下雪的情形，找尋安全避難場所或是增加身體活動以保持身體溫暖。
- 小心注意會影響血管的因素，如抽煙、酒精、藥物以及如高血壓或糖尿病等症狀。
- 若當登山或健行，遭遇惡劣天氣時，牢記途中哪些地方可作為臨時避難場所，如此一來，若被風暴襲擊，將可知道去哪裡避難。

處理方式

- 帶傷患到溫暖的地方，並保護他們免於遭受更多的寒冷。脫掉潮濕或束緊的衣物及手飾，換以乾燥、溫暖且寬鬆的衣物，如果不夠溫暖，多加上一件毛毯覆蓋。
- 檢查是否有**低體溫症**的症狀（詳見第115頁）並對應地給予處理。
- 利用消毒過的包紮用具，包紮受到寒冷影響且出現症狀的部位（手指及腳指應一根根分別包紮，使其分開獨立），並帶傷患到醫護中心作進一步的治療。
- 當無法立即獲得醫療照護的時候，將受到寒冷影響且出現症狀的部位浸泡在溫熱水中（約攝氏40-42度），或在被凍傷的部位重複覆蓋溫暖的衣物約三十分鐘。
- 當浸泡被凍傷的部位時，利用溫熱水來幫助手部的循環，有助於對凍傷部位的療程。傷患可能會感到嚴重的灼熱疼痛及傷口腫大，凍傷的部位也會在受到溫暖的過程當中轉變其顏色，當凍傷症狀發生的部位顏色變得柔和且觸覺、痛感已經完全恢復時，溫熱水浸泡的解凍療程也可結束。
- 提供傷患溫熱的含糖飲料。
- 萬一有被凍傷的部位再次遭到凍傷的可能，且距離溫暖避難所或醫療協助仍有一段距離時，則延緩急救療程直到會再被凍傷的因素或機率排除之後再施行。因為身體組織的損傷可能會因為凍傷解凍之後再受凍的情形而更顯惡化，所以如果保持著第一次被凍傷的情形，而只做一次解凍療程就可獲得醫療救護的話，損傷情況可大大地減輕。
- 即使已經完全從凍傷傷害之中康復了，仍需再給醫生作詳細檢查。若是凍傷傷害仍未完全康復，或有新的症狀發生時（包括發燒、不舒服、受到凍傷的部位出現變色並滲出或分泌出液體），應立即到醫院接受治療。

X 禁止事項

- 勿觸碰或弄破在凍傷部位上的水泡。
- 勿將凍傷部位浸泡在極燙的熱水當中，這樣會增加皮膚組織的傷害（應只使用溫熱水）。
- 勿擦拭或按摩被凍傷的部位。
- 勿在凍傷復原期間抽煙或是喝酒，因為那樣會阻礙身體的血液循環，減緩康復的過程。
- 若是解凍凍傷部位之後不能保持著解凍狀態，卻仍然進行解凍療程，則當凍傷部位再度被凍傷時，對皮膚組織的傷害會大大增加，情況也會加重。
- 勿使用乾熱（如吹風機或熱墊）來解凍受到凍傷的部位，因為其過熱的溫度會產生燙傷，並對皮膚造成更多傷害。

利用手邊的毛巾或毯子及溫熱的飲品來溫暖身體。

電擊傷害 Electrical shock

電擊傷害的發生是當身體或身體某一個部分，變成了高電壓與低電壓區域之間的“導管”時所產生的。此種傷害的程度會依電擊發生的範圍（尺寸）、持續時間、身體及所接觸的物體之間的導電率高低、以及電流穿過人體時所行進的路線而定。依照這些因素影響的嚴重性，電擊傷害可能造成神經、肌肉以及其他身體組織的損害，以及輕微至嚴重的燒傷。即使因電擊傷害而造成的燒傷表面看起來不嚴重，但電擊的影響可能會導致人體內部傷害，譬如心臟、肌肉或腦部，並可能造成心搏停止。

《症狀》

- 突然、無原因的喪失意識，特別是當發生休克時旁邊沒有人目擊的時候。
- 肌肉緊縮同時產生一陣子的餘痛
- 皮膚燒傷
- 肌肉的疼痛
- 麻木無感覺、刺麻感
- 頭痛
- 虛弱
- 聽力不良
- 不規律的脈搏
- 抽搐
- 呼吸衰竭
- 喪失意識
- 心搏停止

引起原因

- 意外地接觸到電器用品或設備露出的纜線或內部零件部分。
- 電器用品不正確的插電或導電方式。
- 孩童用嘴巴咬電線，或是用手指或身體其他部分插入電插頭或電源出口處。
- 被雷打到（電擊）。
- 在做維護工作時意外將地下電纜線切斷。
- 隔著絕緣體的小地毯站在電線上，可能會造成絕緣體的損傷，也對人體有或多或少的傷害。
- 接觸到未受絕緣措施的電器用具或機械。
- 從高伏特電力的線路中閃出閃電。

處理方式

- 一旦讓傷患遠離了電力區域，檢查傷患的ABC狀態（詳見第22-23頁）。如果傷患身體某個功能停止或是變慢（如心臟）、呼吸變淺，則應施行**復甦術**（詳見第22-37頁）。
- 如果傷患被燒傷，將其容易脫除的衣物除去，用流動的清水沖洗燒傷處，直到痛楚減輕後，進行**燒傷**的急救（詳見第52頁）。
- 如果傷患出現**休克現象**（詳見第40頁），讓傷患躺下，頭部稍稍低於身體並將腿部抬高，並用可保暖的毯子加以覆蓋傷患。
- 如果遭到電擊的結果導致傷患跌落（如從梯子上摔下），則可能會出現身體內部的傷害。如果懷疑脊髓可能受傷，應避免移動傷患的頭部或頸部。對傷口或**骨折**（詳見第68頁）進行適當的急救護理。
- 應陪伴傷患直到醫療救援抵達。

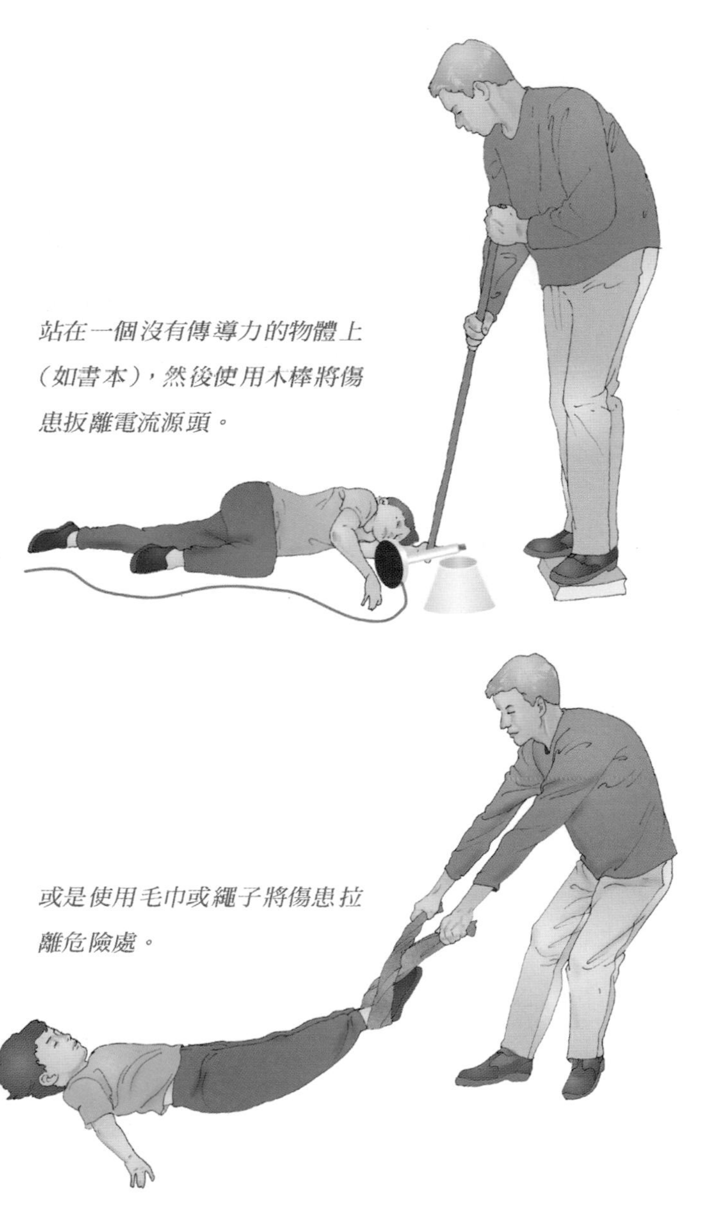

站在一個沒有傳導力的物體上（如書本），然後使用木棒將傷患扳離電流源頭。

或是使用毛巾或繩子將傷患拉離危險處。

預防措施

- 小心使用電源，並也教導自己家中孩童有關電源的使用，以及電流的危險性。
- 避免讓孩童碰觸到任何電器產品或電線，並確保孩童不會玩弄電線，即使是已經丟棄的電線也不例外。否則下次可能會被拿來插入插頭等危險電流出口。
- 在所有的插頭處裝有孩童安全插座護蓋。
- 避免在使用水龍頭或水管的時候，同時使用電器產品。
- 當使用電器用品或工具時，遵從廠商所附的安全使用手冊，避免在全身及手部仍是潮濕，或是站在潮濕及有濕氣的墊子上時，使用電器用品，譬如當早晨地上仍有露水的時候。
- 當使用電器用具的時候同時使用梯子，應以木製梯取代鋁梯，木材是不容易導電的材質。
- 如果不知道如何裝置電線或電源插頭，應找電工來幫忙處理。
- 當操作電器用具的時候，應穿橡膠底製的鞋子較為安全。

禁止事項

- 當傷患的身體仍與電流來源有接觸的時候，切勿用空手碰觸傷患。
- 切勿進入某個被高伏特電流觸電到（或觸電致死）的人之方圓六公尺範圍之內，直到電流被關掉。
- 切勿移動傷患，除非傷患有緊急的傷口需要急救。

關閉電流

在開始處理傷患之前，應先關閉電流。使用一個木板（掃把或是木湯匙）接觸並關掉電源，不要徒手去關電源，會十分危險。如果電流無法被關掉，使用傳導性差的物體如木板、木椅、小地毯或是橡膠製門墊等，將傷患推離電流影響範圍，過程中也許必須多加施力，如果傷患是緊握導電的電器用品，必須強行拉開或隔開傷患及導電物品。如果可能，在進行以上動作時，應站在乾燥且傳導性差的物體上如木板、摺疊的報紙、橡膠製品或椰殼材質的墊子等。

噁心及動暈症（暈車、船、飛機）

Nausea and motion sickness

噁心，是想要嘔吐的感覺，是非常常見的症狀，通常不需要緊急的醫療關注。但是如果噁心的情況一直持續，十分嚴重或讓傷患吃不下任何食物或飲料，這或許是在暗示身體發生了嚴重的問題。嘔吐的主要併發症狀之一就是脫水，會演變成脫水現象的機率通常視乎以下情況而定，如你的身體體積（嬰兒會因伴隨著腹瀉的嘔吐而快速導致脫水）、嘔吐的頻繁與否以及嘔吐是否為腹瀉的併發症狀。

《 症狀 》

- 有嘔吐的傾向
- 實際發生嘔吐現象
- 感到不舒服或作噁，特別是在海上的時候

發生於成人的原因

- 食物過敏或食物中毒
- 病毒感染
- 藥物作用
- 暈船、暈車等
- 酒精中毒
- 偏頭痛
- 化學療法的影響
- 不正常的飢餓或食慾過剩（飲食律動的紊亂）
- 懷孕期間的早晨噁心症狀
- 意外或蓄意的重複使用藥物或毒藥

發生於六個月以下嬰兒的原因

- 過量餵食
- 食物過敏
- 乳糖不耐症
- 中毒
- 胃腸炎
- 在剛餵食過後受到過度驚嚇。
- 感染與傳染，通常伴隨著發燒或流鼻水。
- 腸道內有阻礙物，或是胃部外面受到束緊的壓力，導致不停的嘔吐，且嬰兒會因為感到十分疼痛而不停哭喊。
- 嘔吐是許多感染性疾病表現出來的徵狀，包括腦膜炎。

處理方式

無論造成嘔吐的原因為何，應該要儘快補充已經流失的水分，如果不補充水分，脫水現象有可能會引發其他問題。給予傷患開水或稀釋過的果汁，一次喝一小口，以傷患不會引發更多的嘔

小叮嚀

自己在家也可以自製治療脫水現象（產生水合作用）的飲料：將1茶匙鹽巴及8茶匙糖放入一公升冷開水中攪拌即可。

吐速率餵食，一般的規則是當傷患正在慢慢調整到正常攝取量的期間，不要一次攝取太多的食物或水分。

當脫水發生在嬰兒或幼童身上的時候，脫水現象會發展得十分迅速，如果嬰兒重複地嘔吐，應尋求醫療救護，且不要餵食多於幾茶匙的水量，或服用一茶匙半效（效力不強烈、溫和）的口服治療脫水的藥水（應儲存一些此類藥品在急救箱裡。醫生或藥劑師可以協助你了解此類藥物的服用方法及劑量）。

由於嘔吐通常都會伴隨著腹部的不適感，所以除非不適感十分嚴重，需要做進一步治療，一般而言不必太過緊張。

脫水現象

如果發生以下狀況，可能是發生了脫水現象

- 口渴
- 口乾舌躁
- 眼睛凹陷
- 皮膚失去彈性
- 哭泣卻流不出眼淚
- 小便次數減少或尿液呈現暗黃色

發生以下情況應立即尋求醫療幫助

- 懷疑小孩服用毒品、藥物或是吸收有毒物質。
- 當傷患一直嘔吐並同時出現以下症狀者：
  - 頭痛或頸部僵硬者。
  - 成人連續十二小時以上無法攝取水分者。
  - 噁心現象持續了一段時間（懷孕婦女除外，因為懷孕中常會出現一段時間的“晨吐”現象）。
  - 幼小孩童出現脫水的現象並且排尿量比平常較少者。
  - 幼小孩童感到疲倦、明顯的焦躁感，及連續八小時以上無法攝取水分，或嘔吐症狀復發者。

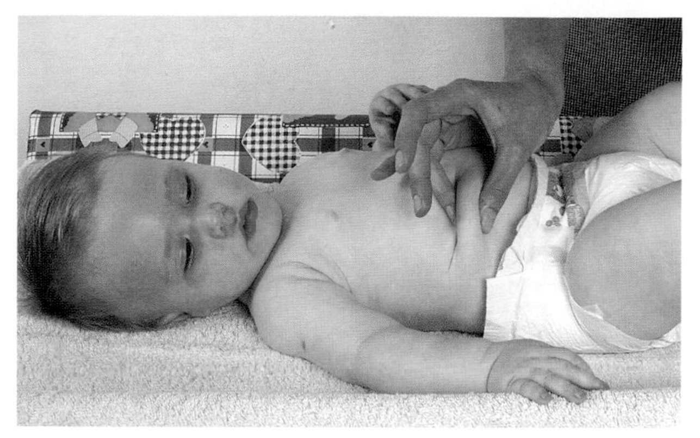

脫水測試：輕輕地捏一側的腹部皮膚後放開，如果被捏起的皮膚被放開之後，沒有馬上回復到原有位置，即表示可能發生了脫水現象。

暈車、船、飛機

有些人有坐運輸工具會感到暈眩，無論是車還是船，這時候躺下休息可以大大幫助減輕暈眩現象，打開窗戶或是到甲板上呼吸新鮮空氣也十分有效。視線看前方及地平線，而不要看行進彎曲的路線或是流動的海水等，也可以減輕暈眩感。暈眩的發生是由於腦部接收了來自眼部，以及內耳負責平衡的器官發出的互相混淆信息所產生的。有一些藥物可以用來預防或減輕因乘坐運輸工具而感到暈眩的狀況，生薑是十分有效的食材，因此喝少量的薑茶或是薑餅乾也有其療效。

預防措施

噁心感通常發生得很快，且很難預防，可採取以下步驟來降低對暈眩噁心的敏感性：

成人： 適量且不過量的攝取食物及酒精。
避免食用一些感覺奇怪的食物。

孩童： 用正常的速度及食量來餵食嬰兒，並免過量餵食。
注意不要使用遭到細菌污染的嬰兒食物、奶瓶、奶嘴及玩具。

家庭看護及年邁孱弱老人的看護

Home nursing and frail care

長期的住院治療或年長孱弱病人的看護費用，以及住院伴隨而來的枯燥無聊、缺乏與親人相處的時間及適當的刺激娛樂等因素，讓許多醫療機構開始會推薦家庭看護，這個較吸引人接受的選項，給重病、殘障或患病老人的家庭參考選擇。雖然選擇在自己家中看護某位家庭成員的決定，是出於關愛及責任義務感，但是光靠這些情感支持是不夠的，想要能夠成功的實施家庭看護需要資源（如看護設備／用品等）的足夠庫存、確實的看護計畫，以及為了家庭看護而必須做的室內裝潢等，同時還需要向其他家族成員及專業人士協商、諮詢家庭看護的事宜，最後最重要的就是預算問題。在此，我們提供一些建議，能夠引導你做出家庭看護是否是為一個可行選擇的決定，並且幫助你創造一個成功家庭看護的正確環境及需要的情況。

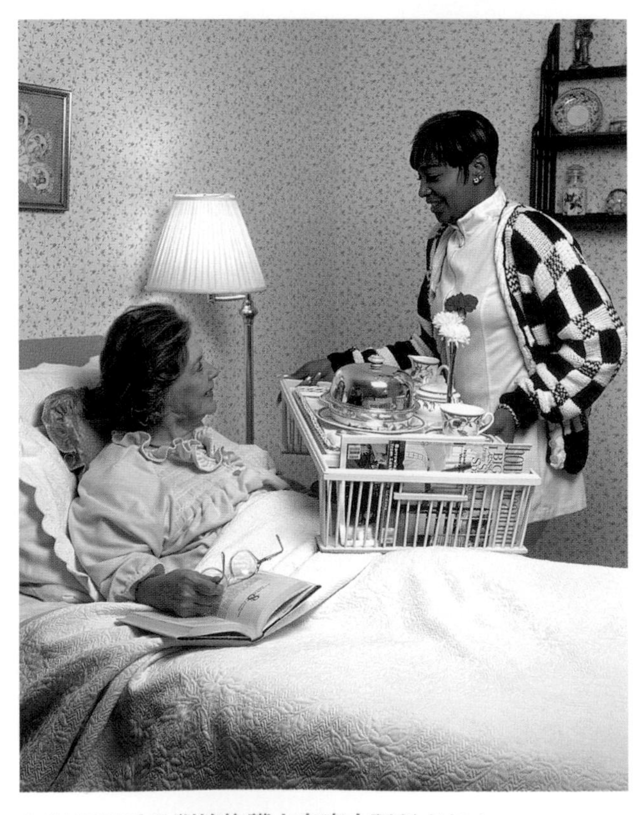

可以雇用受過訓練的護士來家中照顧老年人。

家庭成員的協商

如果你計畫要照顧父母親或是祖父母，應先與家庭成員討論你的計畫，以確定能夠得到他們的支持，以及請求他們能隨時隨地伸出援手。而說到了最重要的預算費用問題，你最多能夠支付多少家庭看護的費用，以及詢問當你需要更多預算時，誰會提供經濟支援。

與專門照顧年長傷患的醫生，以及提供看護服務的專業醫療人員諮詢，譬如物理治療師及營養學家，建立起相關知識，如哪些醫療方面的事物及例行工作需要進行與維持，了解你是否可以自己施行看護而無須協助，或需要相關的社區健康協助人員前來協助你。

藉助這些公開且坦白的討論，你將可以知道當你為一個親人提供長期甚至無限期的家庭看護時，你是否可得到家人的支持，因為這個決定將

當在考慮是否邀請一位家族成員之中的老年人來與你同住時，務必考量到租用特殊儀器的可能性及其費用。

會影響到你以及其他的家族成員，每個成員必須為此作出適當調整，所以特別需要他們的同意及支持。

家中的環境配置

一些醫院或是看護機構，會提供受過特別訓練的社區護士來進行家庭訪問，以協助你了解如何適應家庭看護的內容。如果是由自己嘗試了解家庭看護內容，請注意以下事項：

- **大致的設計**：家中應該設有方便需要看護者使用的寢室，且包括了無論此人是臥病在床還是可以下床活動都方便就近使用的浴室及廁所。如果寢室是獨立分開的，則應裝設警鈴或室內對講機以便當他需要協助時，不會遭到延誤。
- **廁所及浴室**：需要寬敞的空間，讓特別是需要利用助行架或輪椅的孱弱者可以在其中方便且安全的行動。在沖澡處、浴缸及廁所旁應該裝有扶手。
- **樓梯**、窄門或狹窄不良的出入口會讓行動不便或視力不佳的傷患感到有所阻礙。如果傷患是使用輪椅，可以先借用一個輪椅來測試是否能夠方便通過門及出入口，如果過窄就需要調整門的寬度。
- **易滑的地磚**或是鬆動的小地毯，對於一個腳步不穩的人來說是十分危險的，應避免掉。
- **電燈開關**應能方便觸及，同時床邊應設有床燈讓傷患不必下床就可以接觸到。

能夠讓孱弱人士自由活動的家庭環境，可以讓他們減少對家人的依賴，並與每個家人能夠更愉快地相處。

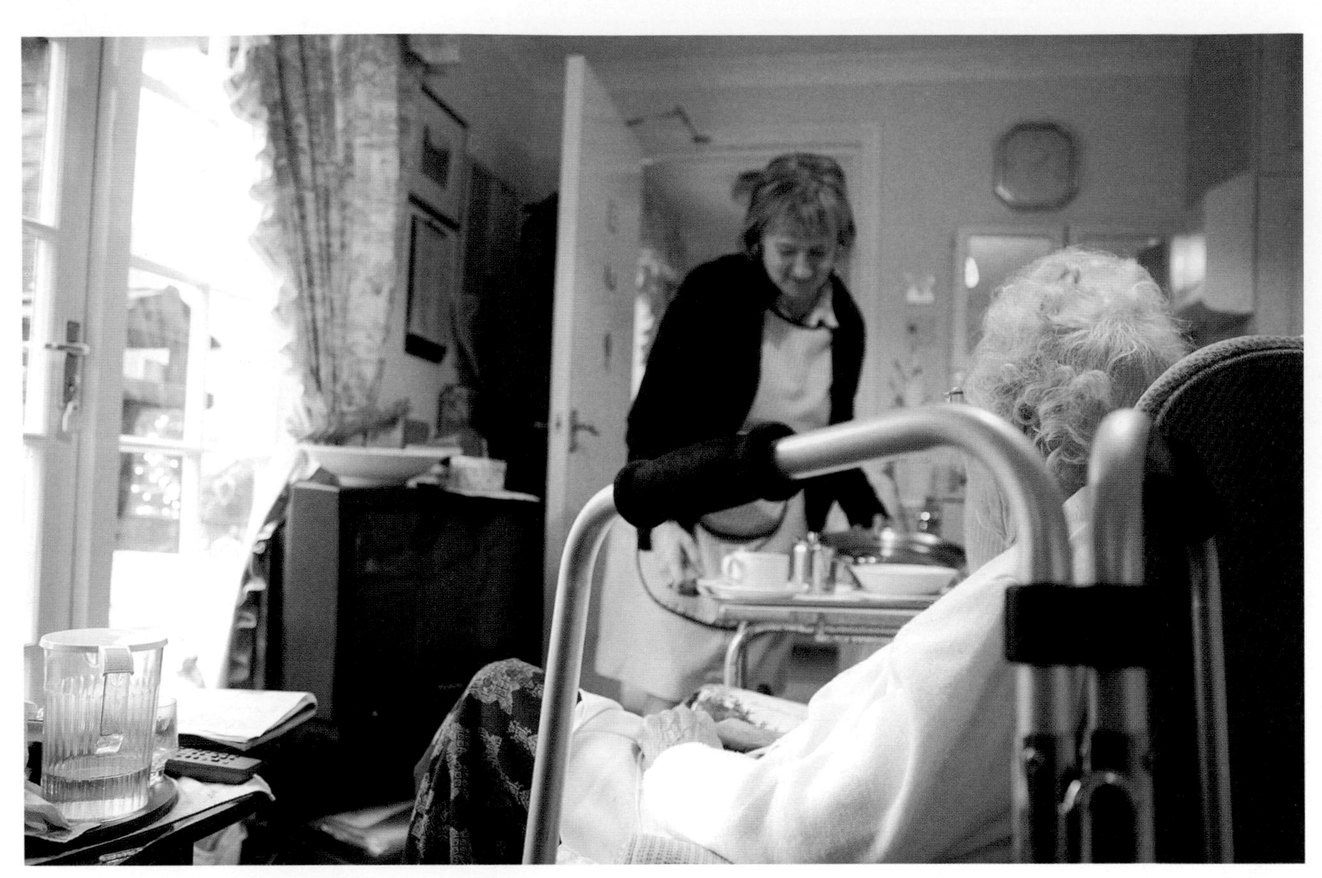

確保傷患能夠保持心理及生理上的忙碌及娛樂刺激。好的營養、充足美好的陽光、適當的運動，且如果可以，頻繁的拜訪問候都可以幫助他們的復原。

特殊設備

根據你要照顧的病人所需以及預算，可選擇租用或購買特殊設備。如特殊附有側邊扶手的床、助行架、輪椅、室內便器及氧氣汽缸等可從醫療器材行獲得，另如免洗用具如防水床單、尿壺及尿布等則可從藥房購買。負責傷患的醫生以及護理人員應能夠協助你選擇適合的用具配備。

生活方式及例行事項

能夠在家進行看護的主要優點是可以讓需要看護的老年人、復原中或殘障傷患不用感覺到自己是“病人”，並且儘管受到醫療上的限制，傷患仍可以感受正常且有尊嚴的生活。試著依照殘障或老年人的切實需要，來修正自己提供的照顧及協助。譬如說在早上花兩個小時幫助祖母更換衣服，可讓她自己處理而不必一直插手幫忙。另外也有人因為自尊心太強，而不好意思求助於人，其中的訣竅就是能夠抓住何時提供協助及何時不必插手之間的平衡點。

藥物治療

如果傷患有被規定嚴格的藥物治療內容，則應確定有人可專門地隨時確認其服用的劑量及服用方法、服用時間是否正確。如藥物需以注射方式給予病患，則應該請護理人員定期到家中進行注射事宜。遭受呼吸方面疾病的病患，通常會一整天使用氣體噴霧設備，同時也可能需要物理治療師到診治療以減輕胸充血等症狀。

長期臥床者

病人不論出自何種原因而長期臥床，都需要特別護理，以避免行動不便之併發症。你需要協助護理的地方有：

- 必要時提供尿壺或便盆並清理排泄物，保持便器清潔無菌。
- 針對失禁或部分失禁病患，應提供足夠的清潔臥具以供更換，包括防水床墊；對於仍舊臥床的病患，則需提供足夠的人手協助更換臥具。
- 為避免褥瘡發生，應提供適當的衛生護理與皮膚保養，搭配使用合成羊皮並定時為病人翻身。
- 餐點應力求有趣而豐富多樣，並提供病人每日所需之足量纖維質，避免便秘，無行動能力的病患所需的熱量及食物量較低。除非醫生開立特殊飲食處方，否則病患並沒有不能與家人一起享用家常飲食的理由。病患床邊應隨時備有清潔的飲用水，並鼓勵病患多攝取水分，以避免尿液停滯、膀胱感染與腎結石發生之機率。
- 病患若必須在床上進食，每週可安排家屬與病患一同進食一至二次。

行動不便或被限制臥床的病患，往往覺得日子過得漫長又無聊難耐，如果白天沒事可做，他們往往會睡上很長一段時間，晚上卻反而輾轉難眠，使得整個家庭作息都受到影響。為了維持病患的正常睡眠週期，白天應提供病患足夠的心智刺激，例如閱讀、聽廣播、看電視，並可安排少許訪客。

這些方法有用嗎？

本章列出的要項，乃是針對進行居家護理時所需投資的時間、精力與金錢等提供指引。如果經過詳細規劃，並獲得其他家人支持以及社區服務協助，為親人進行居家照護，可以成為你生命中最有收穫的經驗之一。

慢性病或心智退化的傷患，可能會越來越難以照顧，並需要你付出越來越多心力來護理，與剛開始照護時相比，你可能發現自己漸漸沒有足夠的時間照顧病患。

這種情況一旦發生時，不要覺得自己陷入困境或失敗了，你應該仔細觀察病患的護理需要，與你的家庭醫師、社工或社區護士一同討論這個狀況，並依循他們的指示尋找適合（且可負擔）的看護，或可接手的安養中心，不必為了必須放棄而自責。想想你至今已經做到了多少，當你必須將日漸加重而不勝負荷的責任轉手他人時，也無須感到愧疚。

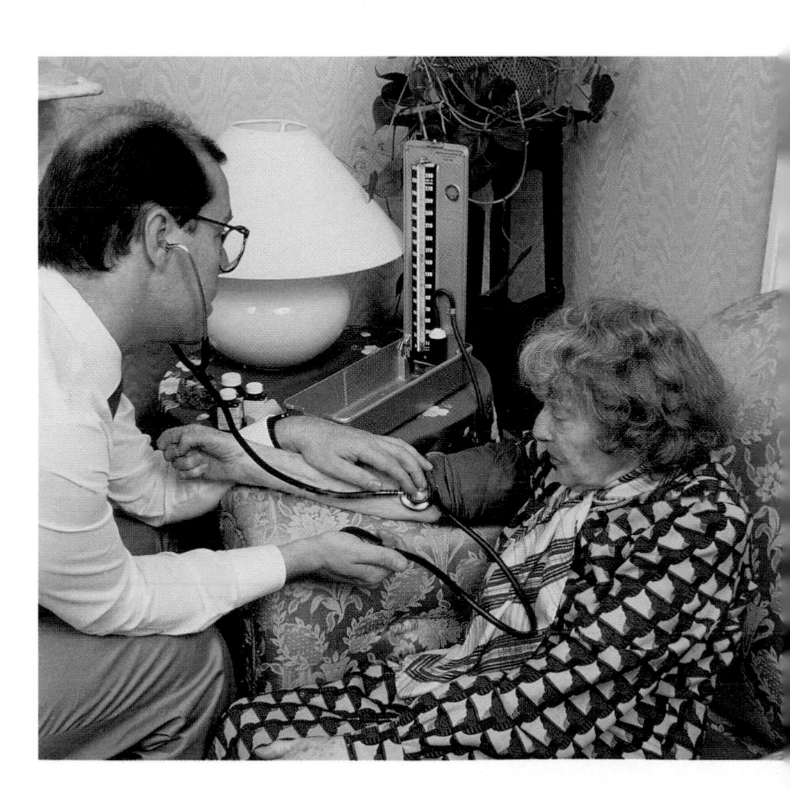

你的家庭醫生或護理人員可安排定期到府造訪。

居家安全篇

我們往往以為家就是最安全的避風港，但是危險總有許多偽裝可以潛入家中，家只有在我們盡心維護時才是安全的。人們往往因為「家」的涵意，而將住家的安全性視為理所當然，卻忘了以更理性的眼光，審視自己的居家環境中有哪些潛在的危機。

誰住在這裡，是居家安全的檢查重點之一。對於沒有小孩或寵物的夫妻來說，開放式的樓梯間、私人泳池及昂貴的餐桌擺飾等，可能都沒有問題，但是一個家庭中若有學步中的好奇寶寶，或調皮搗蛋的孩童，就需要一個能讓小孩自由探索又不致受傷的安全空間。

某些居家緊急狀況雖然超過了我們所能防範的範圍之外，大部分仍是可以防患未然的。只要採取一些簡單的預防措施，便能避免小災難發生或演變成大危機，在這些情況下，有解決問題的能力並恰當應變，便是逢凶化吉的關鍵。居家安全防護並不是航太科技，它只需常識便可達成，此外，防患未然也十分重要，不論其發生機率有多低。

第四章節

給孩童一個安全的家

A child-friendly home

每一年都有數千個孩童因居家潛伏的危機而受傷，然而這些傷害大部分都是可以避免的。在家裡，我們通常覺得凡事方便就好；但是當家裡有孩童時，方便就必須擺在安全之後。就讓我們以安全為第一順位，換個角度檢視你的居家環境。在孩子從搖籃中的好奇寶寶變成精力充沛的成人前，有許多方法可以協助你改善居家安全。請記得，隨著孩子的成長，他們也越來越有能力觸及到原本搆不著的東西，並做出不該做的事，一旦孩子會爬了，你應該趴在地上，以孩子的角度看看他們可以搆著些什麼。當孩子聽得懂簡單的命令以後，記得永遠大聲且明確地告訴他們：「不可以！」以及「不許碰！」

客廳與臥室

- 避免並教導孩童不許觸碰電線與插座。
- 確保電熱器、電毯與吹風機維持良好狀態，並避免不當使用。
- 避免將藥品放在床頭櫃或任何低矮的架子上。
- 不要在放桌燈、花瓶或沈重裝飾品的桌上舖設桌布，孩童有可能將桌布及其放置的東西一併扯下來。立燈及沒放穩的書架也可能被推倒。
- 樓梯上應裝設安全護欄。
- 壁爐前應裝設安全圍欄。
- 避免孩童靠近暖器及電風扇。
- 為孩童選購適合其年齡的玩具。
- 避免孩童撿拾或把玩鈕釦、硬幣之類的東西。

樓梯護欄

壁爐圍欄

短桌布

藥品上鎖

廚房

廚房不是遊樂場，其中有太多發生意外的可能性，例如嚴重燒傷或燙傷，都可能給孩子帶來一輩子的疤痕。

在廚房裡，每個地方都必須加裝防護器材。以樓梯護欄為例，它不僅可以避免孩童爬上或爬下樓梯，也能阻止孩童爬進廚房（意外的主要來源）、車庫或工作間—裡面堆放的工具與化學藥劑是另一個常見的意外發生來源。

對孩子的安全看護，父母親必須鬆懈不得。舉例來說，如果你的孩子開始啃一段電線軟管，你應該立刻阻止，並將電線拿走，即使那只是一小截你剛剪下來的電線，沒有立即的危險性。為什麼呢？這次也許沒有問題，下次孩子卻可能決定去啃咬一段通電的電線，因而引發悲劇。

廚房是意外發生的主要來源。為了確保學步期幼兒的安全，應將危險物品放在孩童不可觸及之處；離開廚房時，應使用圖中所示之安全閘門封閉通道。

- 菜刀、烤肉叉或其他尖銳用具應妥善收好。
- 使用中的電線若磨損或損壞，應立即更換。
- 應將在瓦斯爐上烹調的廚具把手朝內放置，滾燙的菜餚亦應避免放在工作區域的邊緣附近。
- 若僅需使用一兩個瓦斯爐，最好使用較後面、離邊緣較遠的爐子。
- 碗櫃的門若是無法鎖上，則應加裝安全門，尤其是放置清潔劑的櫃子或抽屜。

短電線可避免孩童觸及小家電用品（如左圖）。在碗櫃的門上則應加裝安全閂（如右圖）。

鍋子的把手應避免朝瓦斯爐外側放置，以免孩童伸手觸及。

浴室

- 在浴室加裝恆溫水龍頭，可確保水溫均維持在安全溫度。超過攝氏60度（華氏140度）便可能造成嚴重的燙傷。
- 在浴缸中放洗澡水時，永遠先放冷水，再放熱水；入浴前，可以用手肘先試試水溫，或使用溫度計。
- 學步期幼兒上廁所時，必須在旁監看。幼童的上半身較重，一旦重心不穩，很容易以頭下腳上的姿勢跌入馬桶而淹死，為此，可使用附有安全掀蓋的孩童專用馬桶。要記得，即使僅僅數公分深的水，也可能使幼兒淹死。
- 藥品及化妝用品均應放在孩童無法觸及之處，最好是放在釘在高處且可上鎖的櫃子裡。儘量購買以安全瓶蓋包裝的商品，以免小手誤開。
- 刮鬍刀之類的尖銳物品應收好，刀座亦應釘在孩童不可觸及之牆面上。
- 所有清潔用品應放在可上鎖的櫥櫃中。如果可以的話，儘量購買以安全瓶蓋包裝的商品。

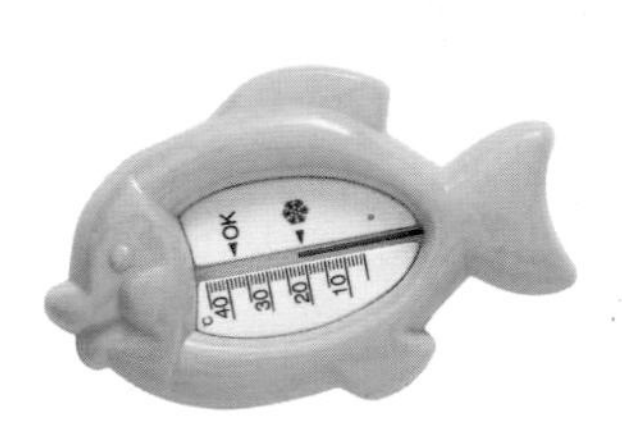

入浴溫度計

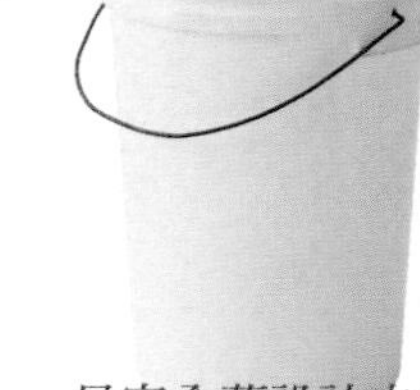

具安全蓋設計之桶子

孩童安全 Child safety

孩童安全防護不應僅限於居家環境及庭院中，亦應顧及行車及遊樂場所的安全。只要凡事多加注意，遵守安全規範，便可以確保孩子們的安全。

強烈陽光下的防護

簡單而容易忽略的防護器具，包括兜帽、遮陽帽、可攜式嬰兒床、嬰兒推車及車窗遮陽板，都可以保護孩童的眼睛不受強烈陽光及紫外線的損傷，以及風中之塵埃與污染物的傷害。

遮陽帽及可攜式遮陽罩都是防曬的好工具。千萬不要將袋子掛在推車把手上，以免嬰兒車傾斜翻覆。

遊戲區

遊樂器材下的地面，應是柔軟而能避免嚴重摔傷的材質。

孩童從遊樂中學習，但也從犯錯中獲得教訓。父母親必須在保護孩子與讓孩子盡情探索世界間取得快樂的平衡，即使這可能導致些許腫塊、瘀傷或擦傷。

在庭院中架設堅固的木質攀爬架是個非常棒的主意，一來孩子總喜歡攀爬，再者，這些攀爬架也能促進孩子的手眼協調、肌力與想像力的發展。

然而在架設前，一定要注意遊戲器材下的地面是良好而柔軟的，草坪或加深的沙坑都是理想的選擇，攀爬架也必須能安全且穩固地固定在地面上，不致傾倒。

交通安全

不論車輛是否在行駛中，孩童在車上特別容易受傷，因此，11至12歲以下的孩童均應使用特殊設計的安全座椅，忽略了這些安全規範是非常不負責任且粗心的。嬰幼兒及孩童安全座椅提供額外的保護及安全護帶，可以在意外發生時將傷害減到最低，並可能因此救了你的孩子一命。

即使一輛車發生車禍時行進速度僅有時速48公里（約30英里），未繫安全帶的孩童將受到其體重五十倍以上的衝擊力，造成在車內四處衝撞甚至被摔出車外，不論是坐在前座、後座或由大人抱在膝上，孩子都可能被當場撞碎，或以足以造成悲劇的速度向前衝出擋風玻璃之外。

嬰幼兒前向安全座椅：適合9-18公斤（20～40磅）重，9個月到4歲大的嬰幼兒。

孩童安全座椅：適合15-25公斤（33-55磅）重，4到6歲的孩童。

安全帶是針對身高150公分及以上的人所設計。到了11歲時，你的孩子應已達到安全帶的適用身高，不需再使用孩童安全座椅了。

X 禁止事項

- 切勿讓孩童站在座椅或任何人的腿上。
- 切勿在使用前向安全氣囊的座位上，使用後向的孩童安全座椅。
- 切勿將孩童單獨留在車內，即使一秒鐘都不行。
- 切勿讓孩童把玩排檔桿或點火器。
- 切勿讓孩童在車內玩球或亂扔玩具，駕駛人很容易因此分心。

（圖片提供：The Royal Society for the Prevention of Accidents，RoSPA）

適合老年人的輔助設備

Assistance for the elderly

老人特別容易往前傾倒，並經常因此而引發拉傷及扭傷。隨著年齡增長，老年人也日漸衰弱，即使是輕微跌倒也可能導致手腕骨折，摔得重些，甚至可能導致髖骨骨折。

使用助行架在屋內行動的老太太。

若有老年人與你同住，應讓你的家便於老人四處活動。一個簡單的方法是在樓梯或台階上裝設扶手或防滑墊，尤其是通往庭院或戶外的通道上。若有非常虛弱的老人，則最好在通道上都裝設扶手。樓梯上應有足夠的照明，並可搭配使用顏色鮮豔的膠帶或顏料，將每個台階的前緣標示清楚，使台階邊緣更顯而易見。

還有許多實用方法可以協助老人（及任何因關節炎或其他因素而行動不便者）：長柄夾可幫助老人拾起任何掉落物；鉤子可幫助老人開關窗戶；水龍頭輔助器使得開關水龍頭更為容易；特製座椅則能幫助老人進出浴缸或淋浴間。

若必須使用輪椅，你可能需要整修房子，在入口處裝設輪椅專用的斜坡；並將家具移出適當空間，以利輪椅通行。

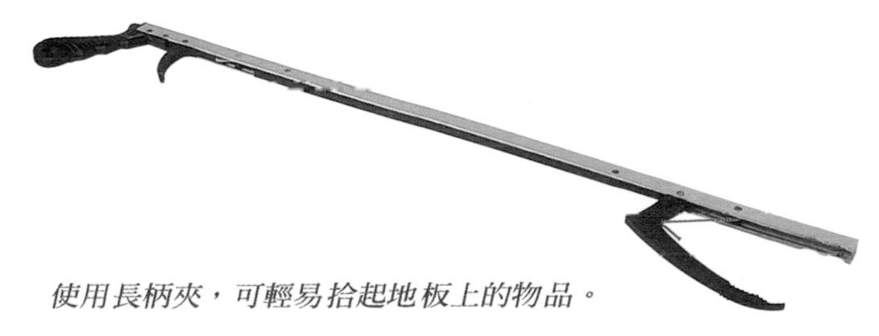

使用長柄夾，可輕易拾起地板上的物品。

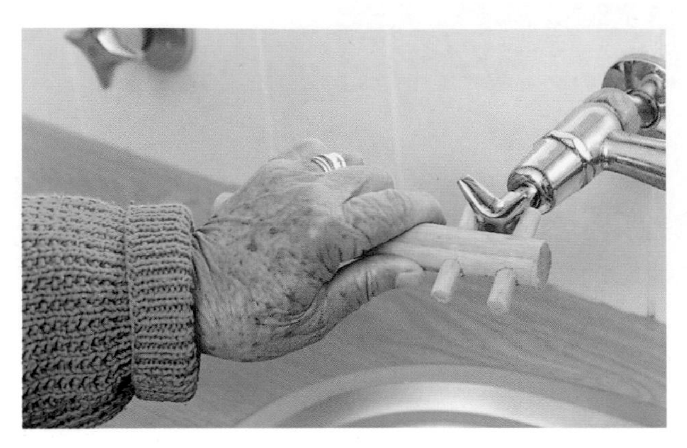

如圖所示的簡單工具，能幫助老人更輕易開關水龍頭。

實用小秘訣

- 將熱水瓶、微波爐與電熱爐放在老人易於取用之處。
- 裝得太滿的熱水瓶容易因過重而難以拿取或容易摔落，故只要裝足夠的水即可。
- 一般的地毯或地墊容易滑移或絆倒老人，應將之移開。
- 通道應裝設良好的照明設備，並能照亮通道以外及樓梯間。通往浴室的電燈開關也應便於老人使用。
- 將大型盆栽或小家具等障礙物移開，以利老人進出房門。

扶手與顏色鮮豔的台階邊緣標示，可幫助老人看清台階，舉步更容易。

在輪椅坡道邊緣漆上鮮明的黃線，可以看得更清楚，尤其是晚上或光線不佳時。輪椅坡道的坡度應和緩平均。

防火措施 Fire precautions

在所有可能侵襲居家及家人的意外災害中，火災是傷害性最強的意外之一，除了可能奪走生命或造成身體上的傷害以外，還可能造成全面性的毀壞。然而，還是有些預防措施可以防患於未然：

- 安裝製造廠商推薦的偵測器。記得定期檢查警報器及更換電池。
- 購買滅火器，並安裝在門口或最容易發生意外的地方。
- 在瓦斯爐邊準備一些小蘇打。發生小型火災時，在火焰上灑上小蘇打可以迅速撲滅火勢。
- 確定電器配件、電線與小家電均維持在良好狀態，若有磨損或老化的情形，應立即更換。
- 切忌將電線放在地毯或地墊底下。經過一段時間，人們的走動可能使絕緣體磨損，引起漏電而引發火災。
- 選購以防火材質製造的地毯、窗簾或家具。
- 電暖器或開放式的瓦斯暖器附近，不可放置衣服或其他易燃物。
- 開放式的火源前應裝設圍欄。
- 使用乾燥的煤炭或無煙煤。若將潮濕的煤炭或無煙煤添入火中，其中的濕氣會轉變成蒸氣，增加壓力及飛揚的餘灰，不僅在地毯上造成痕跡，還會引發火災、灼傷地板或人們的眼睛。

注意事項

學會正確地使用滅火器，並定期檢查滅火器，以確保能正常使用是非常重要的，以免緊要關頭派不上用場。

煙霧探測器是必要的，應安裝在廚房、車庫與工作間外的廳堂平坦處。

注意

- 不要自行對抗火災，除非火勢很小，且你有足夠的把握可以迅速且安全撲滅它。
- 發生火災時，絕對不要冒險。如果火勢太大，**離開現場，遠離火場，聯絡消防隊。**
- 若是因電所引起的火災，千萬不可以使用水來撲滅；如果電源仍然開著，你有可能遭遇觸電的危險。
- 若是因液體所引起的火災，千萬不可以使用水來撲滅，因大部分可燃性液體均可浮在水面上，用了水只會把問題擴大。

抵抗火災

最重要的一點是：滅火器只有在有人使用時才有用。**讓你的家人都學會使用滅火器，並且定期檢查，以免緊急關頭時無法發揮功效。**

選擇滅火器時，考慮到滅火器可能使用的場所是非常重要的。乾粉（化學）滅火器最適合用於撲滅由木頭、紙張、織品或可燃液體引燃的火勢，漏電引發的火災也適用。

- 應購買小型且易攜帶的滅火器，而非大而不易操作者。將滅火器有技巧地設置在家中不同區域，例如車庫門口或靠近廚房處。
- 滅火毯只要蓋在火上，便可將大火減輕為小火焰而減緩火勢，也可以發揮功用。

乾粉滅火器必須定期檢查。

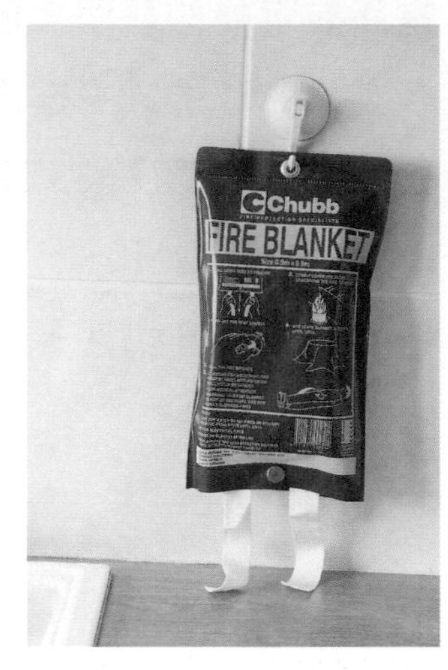

防火毯最好放在靠近瓦斯爐的地方，以便蓋住火苗、減緩火勢。

消防演習訓練

- 將電源、瓦斯開關或其他可能引發火災的開關關掉。
- 將通往火場的門窗全部關閉以避免助長火勢，並有助於消耗火場的氧氣。
- 試著以不可燃物減緩火勢，例如防火毯。
- 將乾粉滅火器瞄準火焰底部，而非頂端。
- 如果是炒菜鍋著火了，以大鍋蓋或木頭砧板蓋上，便可減緩火勢。千萬不可以將水澆在火上，因油脂會浮在水面上，有可能散播火苗，使損害擴大。千萬不要將鍋蓋掀開察看火是否已經熄滅；關掉瓦斯爐，讓鍋子靜置至少三十分鐘。

如果鍋子著火了，只要將蓋子蓋上，便能減緩火勢。

慎防觸電 Don't be electrocuted

電是非常好的東西，但你若成了電源與地面間的導電體，那可就另當別論了。許多家中發生的意外災害都與意外電擊有關，因此對於立法規範家中自行組裝電器的輿論呼聲也越來越高，未來這些都要受合格把關者的檢驗與批准。如果你對電路運作不熟悉，最好請專業人士來幫你安裝或修理，然而，即使你懂得簡單的電器修理，這裡還是要提醒你一些基本概念：

實用小秘訣

- 在拔下小家電的插頭，或對電器進行任何檢查前，應先將電源關閉。
- 拆下任何組件時，應詳細記錄其原本的連接方式，如果重新安裝時出了錯，小零件也可能成為要命的殺手。
- 在你打算修理家中的任何電器線路(例如插座)前，要先讓家中的每個人都知道。
- 將配電箱的電源總開關關閉，並放個「請勿觸碰」的牌子在旁。
- 留一盞小燈。如果必要，接到延長線上，並放在身旁，萬一有人忽略了你的指示，這盞小燈或許能在千鈞一髮之際提供警告而救了你一命；另一個方法是將電視或廣播打開，並將音量調到最大，你的鄰居或許會耳聾個一兩分鐘，但這是值得的。

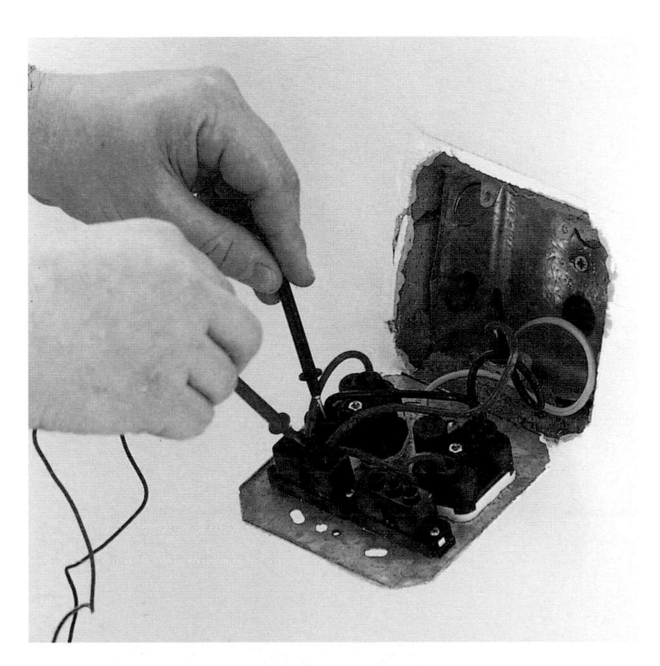

修理插座以前應先進行測試；多檢查總比少檢查好。

修理電器線路時，在配電箱旁邊放一個又大又清楚的牌子，以警告你的家人；要確定每個人都知道電源被關掉的原因。

戶外安全篇

家不僅僅始於前門，也不是到後門為止而已，在注意居家安全之外，也應該考慮周圍的環境。不論你的後院是只有幾米大還是天寬地闊，都可以有各種不同的功能：車道及車庫、庫房及工作間，遊樂場所或露台，這些都有其潛在的危險性。當然，庭園也有許多需要照料的地方，從有毒植物到殺蟲劑的儲放都要注意。

房屋修繕也包含在戶外安全之內，若沒有及時修理或更新，便可能傾頹毀壞。腐壞的屋頂往往必須花上大筆金錢來修繕；而倒下的籬笆若沒有處理，可能讓誤踩的孩童滑倒，或滾到繁忙的街道上。只要預先設想周全並採取防範措施，就可以將風險降到最低，確保室內及室外的居家環境安全無虞。

第五章節

防滑地面 Nonslip paved surfaces

經過鋪設的地面，例如道路或露台，多半十分堅固且不需維修。這些地面使用許多不同的材質，從粗磚、石片，到磨光的大理石或石灰華石，其平滑度與潮濕時的滑溜度，都依其天然材質而有所不同。門廊、露台或陽台鋪設的地面往往經過特殊處理，以求與室內裝潢搭配，然而經過高度打磨的平滑地面，卻可能在潮濕時變得危險「腳滑」，重新鋪設地面可能十分昂貴，因此在為道路或露台鋪設新的地面前，應仔細考慮該處的用途。戶外活動空間及通向室內的通道，必須平整且做防滑處理，如果住在降雨量或降雪量大的地方，應考慮提高車道表面的摩擦係數。

游泳池畔的地面

游泳池畔是玩耍、享樂用的空間，但潮濕的表面可能容易令人滑倒。除了擦傷、扭傷及其他可能因跌倒而引起的傷害以外，另一個主要的考量是跌入水中的危險，最好的解決措施是，不讓小孩在游泳池畔奔跑，如果池畔沒有其他人照看，也不要讓任何人單獨使用游泳池。

- 禁止任何人潛進或跳入游泳池的陰暗處。
- 建新游泳池時，要確定池邊加裝了連幼兒的手都抓得牢的扶手。
- 游泳池畔應挑選品質好且耐久的舖地材質，碎石地面是值得考慮的材料。下決定前應多考慮一些，免得選錯了日後後悔不已。

泳池的地面應以防滑材質鋪設，並裝設容易抓握的扶手。

通道與地面

移除地板鋪面上的霉菌與苔蘚

霉菌是植物的疾病，苔蘚則是植物種類之一，但兩者都可能讓地面變得容易滑倒，尤其是在潮濕的天氣或有露水的時候。市面上有專門清除霉菌的產品，但要見到成效可能會花點時間，要想快點見效，可購買或租用高壓水力清潔器，將殘餘物都沖走。在情況最嚴重的地方舖上粗礫石，也可以暫時達到防滑的效果。

雖然舖地石間長出如天鵝絨般光滑的苔蘚看起來很迷人，但為了安全上的考量，最好還是不要讓苔蘚擴散到道路邊緣，或庭園中較少使用之處。園丁多半會穿著不易滑倒的高筒橡膠靴或堅固的鞋類，但穿著「日常生活鞋」時，還是別往佈滿苔蘚的路上走比較好。

剷除路上的積雪。

清除道路積雪

在會下雪的國家中，冬天的來臨往往也意味著對付積雪的開始，因此如果有這樣的需求時，例如在會積雪的車道或人行道上，便需要利用掃雪機器來維持路面乾淨，以維護行人的安全。品質良好的雪鏟對清除大量積雪十分有效，掃把也可以掃去輕微的積灰，電動剷雪機所需費用雖然較高，但能讓工作快點完成。

剛落下的粉狀細雪質輕且容易清除，但濕雪就往往重得多，如果留著積雪不清，光指望太陽能將之融化，到時外頭可能已經積了一層厚厚的冰。日夜的溫差足以形成一層薄冰，很容易使人滑倒，尤其是上面積了一層新雪的時候。在清除過的人行道或車道路面上舖上一層沙或者細礫，可以避免意外發生，同時增加輪胎抓地力。

鹽也可以用來融化冰層與積雪，但有可能導致負面後果。使用前，應確定你居住地區的市政府允許使用。

高壓水管可以將地面上的苔蘚與霉菌有效沖洗乾淨。

屋頂上的安全 Safety on the roof

屋頂的斜度越大越危險，若有任何疑問，應請專業人士協助，不要自己上高處（兩層樓）或陡峭的屋頂進行作業。如果你的屋頂較低、較平或坡度較緩，可自行進行修繕工作的話，給自己準備一把堅固的梯子，並遵守基本安全規範即可；至於較複雜而無法短時間內迅速完成的修繕工作，最好租用施工塔架，以便施工時有堅固的平台可站。在屋頂上施工時，應將自己綁牢，不慎滑倒時才不至於發生比擦傷和受傷更嚴重的意外。作法是：將一段堅固的繩子拋過屋頂，不要離你預定施工的位置太遠，並將另一端固定在牢靠而穩固的支撐點上，例如大樹或露台的欄杆上，等你爬上屋頂後，應將繩子環腰繫好，並以牢靠的繩結確實固定住，如果你有安全吊帶，也可以將繩子綁在上面。工作時，應將繩子調整至適當長度，但當心不要反被繩子絆倒或纏住。

實用小秘訣

- 進行修繕工作前，應先清掃工作區域，即使是乾燥的破瓦殘礫也可能使你滑倒，甚至致命。
- 穿著防滑鞋提高安全性，不可穿拖鞋或涼鞋。
- 警告大家切勿接近屋簷，以免因掉落的工具造成嚴重傷害。
- 在屋頂上時，應將工具放在可止滑的墊子上，以免滑落。
- 用繩子將沈重的工具拉上來（如果在梯子上，應雙手並用）。
- 不要待在電線或電話線底下。
- 如果屋頂使用的建材不足以支持你的全身體重，應站在屋樑上，或先在樑上放置木板，再站上去以分攤你的重量。
- 雨後、露水濕重及快下雨時，勿登上屋頂。
- 屋頂坡度若高於三十度，則不宜自行施工。

梯子應以安全的角度放置（如左圖）。將可能使人滑倒的瓦礫清掃乾淨（如右圖）。

梯子的使用方法

許多園藝與DIY工作都需要用到安全、堅固且狀況良好的梯子，如果你常在屋頂工作，或擁有兩層樓以上的房子，有時就需要用到伸縮梯。使用時如果粗心大意，不僅可能摔落，有時還會造成嚴重的後果，然而在爬上梯子前，只要採取一些簡單的步驟，便可以將意外發生的機率降到最低。

安全的底座可以預防梯腳滑開。

將梯子頂階固定在屋頂上。

- 使用伸縮梯時，梯子與牆壁之間的角度應在七十五度左右。
- 為了避免梯子滑開，可以在牆壁及梯腳之間的地上打入一根樁，並將梯子底部的踏板綁在樁上。地面若是過於鬆軟，可在地上先舖一塊堅固的木板，以提升支撐力。
- 登上梯子時，每次應只爬數階，確定梯子不會向後滑以後，再往上爬。爬到梯子頂端時，應拿繩子將最頂階繫在安全處，例如屋頂桁架上。如此一來，攀爬時就不必擔心梯子有滑開或倒下的危險。
- 登上梯子時，應穿著前後包頭的鞋，切忌穿著過鬆的鞋或拖鞋。
- 鞋底被雨或露水打濕時，不宜攀登梯子。

自製防滑樓梯踏板

1. 不需油漆的地方以膠布貼住。

2. 漆上醒目的顏色。

3. 在未乾的油漆上舖上粗沙。

4. 以透明漆固定。

車庫或工作室的安全

Safety in the garage or workshop

堆滿尖銳物品、具危險性的工具或材料的車庫、倉庫或工作室，都是容易發生意外的地方。儘管一般喜歡自己動手做的人都十分謹慎且注意安全，但對生手來說，還是有許多潛在的危險性。因此不使用車庫或工作間時，應該確保這些地方被安全地鎖上。

實用小秘訣

- 使用切割工具時，務必穿戴護具。安全眼鏡或護目鏡是不可或缺的，能戴上工作用厚手套更好。工作時若有需要，也應使用護耳套。
- 使用漏電斷路器（Residual Current Device，RCD），可以在發生錯誤或線路意外被切斷時自動斷電。
- 穿著可以覆蓋大部分身體及四肢的衣物。切勿穿著寬鬆而有流蘇裝飾或繫帶的衣服，以免捲入機器中。
- 照明必須足夠。單單一盞掛在頭上的低瓦數燈泡可能形成重重陰影，尤其在晚上。如有必要，可以使用可攜式燈具及延長線，為你正在進行的工作提供足夠的照明，如果你的工作時間很長，可以考慮裝設一組不錯的照明系統。
- 如果你蓄有長髮，應該綁在後面，瀏海也應夾起來，以免掉進眼睛裡。在開始工作前，你應該先就工作位置預先演練一下，看看頭髮會不會妨礙到工作。
- 忙於工作時，記得讓小孩、寵物或其他容易使你分心的東西遠離工作場所。
- 喝了酒或服用過使人昏昏欲睡的藥物之後，切勿使用工具、操作電源或其他危險物品。
- 當你處於憤怒或巨大壓力等無法清楚思考的情況下時，切勿使用任何電動工具。
- 確定所有的電力接駁都完好，切勿使保險絲、電路、馬達或插座過載。更換保險絲時，千萬不要以額定值較高的保險絲來替換。
- 使用任何工具或電器用品前，應先檢查電線是否有老化，或絕緣體磨損的狀況。
- 千萬不要在易燃物附近，或使用噴漆時抽煙。

—使用切割工具時務必穿戴護具—

- 進行焊接之類與熱有關的工作時，應遠離易燃物存放之處。
- 易燃物（如油漆、溶煤、瓦斯鋼瓶等）的存放，必須能讓人迅速搬出。一個方便的方法是放在底部裝有輪子的架子、置物架或儲物櫃中（舊書架也可以），一旦有緊急事故發生，便可以儘速將所有易燃物品全部運離現場。
- 維持工作環境清潔整齊，避免堆置鋸屑、油布或使用過的溶煤等廢棄物。與當地主管單位聯絡，瞭解化學物或污染物的正確丟棄方式，尤其是那些對環境具有高度污染性的廢棄物。
- 使用會產生煙霧的材料時，應在室外進行，或至少在門口附近，能以風扇將煙霧排出更好。
- 在使用工具－尤其是電動工具前，務必先確實固定好製作中的物件。

將存放易燃物的容器統一存放在容易搬運的小台車上。

電動工具

電鑽、角向磨光機及帶鋸車床等都是非常好用的電動工具，但是若遭誤用，它們也會變成致命的殺手。這些機器可協助許多自己動手做的DIY作業，迅速完成任何材料的加工，例如木頭或金屬等等。問題在於，絕大多數的建材都比我們的身體強韌得多，也就是說，這些機器可以輕易切割我們的肉體，就像拿熱刀子切過奶油一樣簡單，但卻痛得多了。

- 使用製造廠商建議的電動工具，並且應按照其設計目的來使用。

角向磨光機

- 在實地操作前，應先學會如何使用這些工具。
- 開始實際作業前，有一項必須遵守的基本規則是：以正確的姿勢好好握住電動工具。失足絆倒可能會造成問題。
- 開始工作前，應將工作區域內會使你分心的東西清理乾淨。如果你分心了，就先停下來，並將電動工具的電源關掉，千萬不要一邊工作，一邊聊天、責備小孩或研究晚飯該吃什麼。
- 品質佳的電動工具雖然都有良好的絕緣保護，仍應避免在雨天的戶外或站在水窪裡使用。
- 如果電動工具負載過重而出現「電器味」時，應讓機器空轉數秒鐘，用風扇將機器冷卻。
- 在關閉機器電源或拔掉插頭前，切勿更換刀片、鑽頭之類的機器配件。
- 開始工作前，應確實固定好製作中的物件。
- 為你的眼睛、耳朵與臉部穿戴護具，某些工具製造的粉塵會對健康造成一輩子的影響。
- 長髮應該挽起，並將可能被電動工具夾住的項鍊、手環或戒指等取下。
- 工作結束後，應立即拔下工具的插頭，清理並檢查過後再收起來。

園藝工具與設備

Garden tools and equipment

為了打造完美的庭園，我們使用許多種殺蟲劑及除草劑消滅害蟲及植病。許多園藝用化學藥劑都有毒性，必須存放在孩童與寵物不可觸及的安全之處。如有可能的話，應選擇對環境危害較低的產品或植物，讓瓢蟲或其他昆蟲、鳥類等自然生態的防禦力量，降低對人工干擾的需求。

實用小秘訣

園藝用化學藥品的存放

- 將化學製品存放在原本的容器內，但應時時檢查容器是否仍處於良好狀態並確實封好，若包裝盒撕裂或破損，應將內容物裝入其他容器內，並確實標示清楚。倒掉舊的溶液時，應遵守當地有關單位的規範。
- 某些以紙盒包裝的產品，可能會隨著時間過去而損壞，不需將內容物自原包裝中取出，直接放進較大且可密封的容器中即可。如此一來即使原包裝損壞，內容物也不至於漏出。
- 園藝用化學製品猶如一般藥物，過期後不僅效果降低，甚至可能具危險性，應立即丟棄。
- 腐蝕性的園藝用化學製品不能放在高處，應存放在較矮的櫃子裡，以孩童安全鎖鎖上。如此一來，即使有化學製品漏出，也不會往下流到其他東西上，否則，輕則只是包裝盒或標籤損壞，重則可能釀成不小的災難。

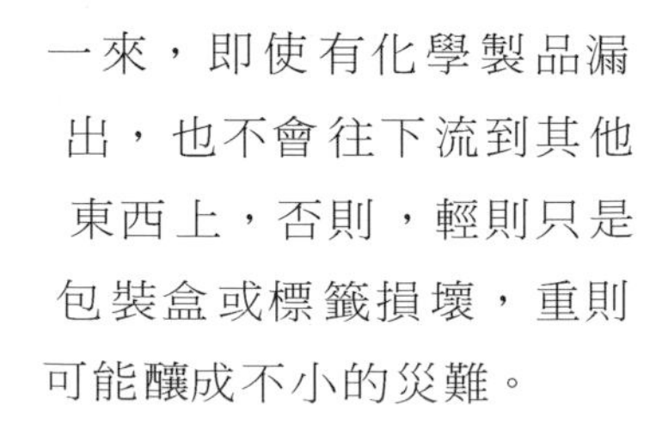

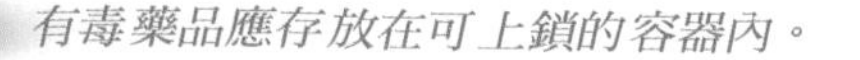

有毒藥品應存放在可上鎖的容器內。

園藝用化學製品的使用

- 在植物上噴灑藥劑時，應穿戴能遮蓋口鼻的防護器具，並阻止孩童或寵物靠近噴灑區域。
- 即使只有一點點微風的日子，也不應噴灑化學藥劑，以免懸浮的微粒隨風飄散到人類、動物的眼睛與食物裡，或落入游泳池與水中。
- 定期檢查你的庭園，一旦發現害蟲等問題，便應立即採取措施。如果放任害蟲不管，蟲害可能會在你的庭院中蔓延開來，演變成大問題以及大面積驅蟲的費用。

噴灑化學藥劑的時候，應穿戴護目鏡及口罩，並挑選無風的日子進行。

- 使用正確的噴劑。產品配方若非針對蟲害所設計，便只是在浪費你的時間與金錢。使用之前，應確定自己完全理解產品內附說明書的使用方法，瓶身上的標籤也可能會有你所需要的資訊。
- 應確實依照說明書上的指示混和配方。劑量較重不代表效果就比較好，因為你所引發的問題可能比解決的還多。
- 每次都應該調配足夠的用量。之前用剩的舊溶液不僅會失去應有的效果，還可能具有危險性。更何況，你有可能忘記之前用過些什麼，並在下次使用時發生錯誤。
- 準備兩個清楚標示的噴瓶，分別標示為除草劑與除蟲劑用。使用後這兩個瓶子都要徹底清洗乾淨，任何殘留物都有可能污染下次的藥液。
- 千萬不要將空的園藝用化學藥品的噴瓶移做他用。丟棄玻璃容器前，應先以報紙包好後再丟；如果是塑膠容器，則應刺破後再丟。

安全地使用園藝工具

使用電動工具時，務必同時使用漏電斷路器（RCD）。另外應謹記在心的是，修邊機及電動或人工除草機的邊緣都很鋒利，一旦鬆脫便容易造成危險；鏟子與叉子，也可能造成相當的傷害，即使是小型的手剪或修枝剪，如果使用時漫不經心或掉在腳上，也有可能造成不小的傷害。

園藝工具使用完畢以後，千萬不可棄置在地上，應花個幾分鐘將之清理乾淨並收好，以便下次使用，這樣也可以減少意外傷害發生的機會。

- 為了安全起見，選購園藝用電動工具時，應挑選雙重絕緣的產品。
- 有些電動除草機的刀片，會在電源關閉後數秒鐘內便停止，有些則會在電源關閉後數分鐘內還持續轉動。若情況允許，儘量選擇前者，一旦發生意外，能越早停下來的刀片越好。
- 絕對不可自行將兩段電線結合成較長的一段，因為膠帶連接之處不防水。還是買新的吧！
- 在戶外使用的電線應挑選鮮豔的橘或黃色，才能在草地上看清楚。
- 不論是要為除草機、修剪機或帶鋸車床進行清理、上油、清潔、調整的工作，均應先關掉電源並拔掉插頭。
- 如果你在梯子上使用修剪機，不要勉強自己伸至超過手臂的距離，寧願往下多爬幾階或搬動梯子，也不要冒著跌倒的危險。
- 使用鏈鋸時，應遵照其指示方向。鍊子頂端的轉動方向應遠離使用者的方向，從下端來看則是朝向使用者。因此如果鏈鋸跳開或卡住，鏈鋸便會朝向使用者的相反方向跳開。千萬不要用鏈鋸的頂端來切割東西。
- 使用除草機時，應穿著能將腳完全包住的鞋子，鞋底也應選擇不易滑倒的材質。
- 應配戴護目鏡，以免殘枝碎石飛入眼裡。
- 絕對不可以在仍有露水的清晨、下雨時以及剛下過雨後，使用電動除草機。
- 工作時應遠離電線，以免不小心剪斷。
- 使用較機器所需電壓之額定值相等或較高的電線，太細的電線容易過熱。

可以顏色鮮豔的外用電線，在草坪上看得一清二楚。

電線應永遠在你的背後。

- 絕對不要將電器用品上的安全開關棄置不用。這些開關可以在工具離手時自動關閉。
- 要檢查柴油除草機的刀片時，應先關機並拔去火星塞，再將機器側放。若沒有先做預防措施便動手去拔刀片，比方說清除碎草殘枝時，引擎有可能會發動，即使只轉動一兩下也會造成重大的傷害。
- 除草機只能用推的而不能用拉的，除非是必須將除草機自狹窄的地方移開時，例如花床之間。若是用於較長的距離時，一旦滑倒，將除草機推開總比拉向自己來得好，以免手腳因此而受傷。
- 在斜坡上除草時，不要筆直地往上或往下推。如果你在往上推時滑倒了，除草機可能會翻倒在你身上；如果你往下推時絆倒在除草機上，腳可能會受傷。

園藝工具的存放

- 存放叉子與鏟子之類的大型園藝用具時，將「尖銳端」朝下放在一個大箱子裡，是安全而有效的方法。
- 另一個方法是，在離牆十五公分處裝設一塊木板，便可將長柄園藝工具放在木板後面。木板前端表面則可用來掛小型工具，例如小花鏟或修枝剪。
- 將花剪的刀刃收納在一小段腳踏車內胎內，並包住其尖端。即使花剪不慎掉落，也不至於傷到任何人。
- 需要將乾草叉或三齒釘耙的釘齒朝上放置時，可用一小段輪胎內胎包住每個釘齒，以免其尖端誤傷了人。
- 絕對不可以讓草耙倒在地上，釘齒向上。踩中草耙並給耙柄狠很打中臉，將是你一輩子難忘的經驗。

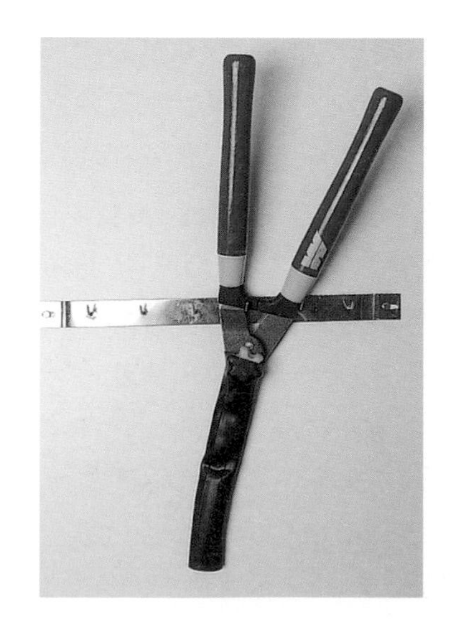

以橡膠管套住未使用的花剪刀刃，並朝下放置。

減少野生植物所帶來的危險

Reducing natural plant dangers

即使是最精心維護的庭園，也可能變成漫不經心之人的危險陷阱。不同的植物危險性各異，有些足以立即致命，有些對人類則友善許多。儘管大多數人都覺得在自己的庭院中是安全的，我們仍有可能被樹枝刮傷、被刺扎傷，讓樹汁或花粉掉進眼睛。除非你確實懂得辨認植物，否則最好還是假設所有未知的植物，都存在一定的危險性，即使只是引起輕微的疹子。更令人擔憂的是，雖然大人通常不會將庭院四周的植物都給吃下肚，孩童卻很有可能會這麼做，假使一個好奇寶寶打算好好「研究」有毒的葉子、漿果或果實，最後便很可能成為你得處理的緊急中毒事件。

常見園藝植物之原生地的地域與氣候都需要注意。有些植物會擴散得很廣，有些則會集中在小區域內，你應該對居家附近的原生植物有所瞭解，在選種陌生的植物品種前，可先請教當地的園藝中心或苗圃的建議，尤其是家中有學步中的幼兒或寵物時，某些植物會製造數量十分可觀的花粉，或某些微細纖維及孢子，可能會刺激呼吸道過敏或有氣喘的人。如果你的身體受到影響，丟棄這些問題植物可能是唯一的解決之道。

許多迷人的園藝植物都具有毒性，有些時候是全株均具毒性，有時則可能僅是部分有毒，例如果實、根部、球莖或葉子。以夾竹桃的樹汁為例，如果不慎進入眼睛，會引發疼痛難耐的發炎現象；至於火棘的刺若刺破皮膚，則會引起水泡。某些植物生食雖然有毒，經過妥善處理後也可成為餐桌上的佳餚──大黃就是一個好例子，它的葉子不可食用，但是可食的莖部經過調理後卻十分可口。

帶刺或針的植物具有特殊的危險性。這些針刺雖具有特殊功能，例如提供安全防護等，但這些仍與一般種植比較有關。雖然每個人都知道應該離仙人掌或玫瑰叢遠一點，但是許多植物與野草都有肉眼不易查覺的小針細刺，可能導致非常難受的刮傷、刺傷或穿刺傷，例如有些人可能碰過的咬人貓（蕁麻）。

在種植帶刺植物以前，記得先考慮種植在庭園裡的位置。瓊麻屬的植物葉子邊緣帶有刺及可怕的大釘，大多數時候看起來都非常危險，若是種植在孩童或寵物可能翻滾玩耍的草堤下方，就會牽連更廣。

維持庭園安全的首要之務，便是瞭解你的院子中哪些植物具有危險性、生長在哪裡？並確保家中包括小孩在內的每個成員，都知道該避開它們。如果這樣做你還是不放心，移除這些植物或許是最安全的選擇。

夾竹桃具有很高的毒性。

火棘可導致疼痛的水泡。

水邊安全篇

天氣熱的時候，戲水是人們的消遣娛樂中，人氣指數最高的項目之一。火辣辣的太陽當頭時，大家都喜歡到沙灘、河畔消磨一整天，或懶洋洋地待在游泳池邊，但是水中安全所包含的活動除了游泳以外，還包括了划船、釣魚或潛水等，這些都需要注意到安全。由於天氣與潮汐等因素，在海邊進行的活動更要多加注意，每次進行水中探險之前，你都應該注意天氣預報及水象，一旦天氣轉壞，便應立即上岸，甚至離開整個水域，尤其在可能要下雷陣雨時。儘管戲水帶給我們無比歡樂，不重視安全仍可能造成致命的危機。擁有學步期幼兒的父母更應格外當心，只要接近水域便需留神，因為幾公分深的水也可能造成溺死的意外，雖然幼童溺水的風險性最高，但如果在水邊不遵守基本常識及安全規範的話，不論年齡，任何人都有可能惹上麻煩。

第六章節

水邊的基本規則 Basic rules around water

游泳者

- 學會游泳。孩童可以從很小的時候就開始學習游泳，如果你家有個游泳池，越早開始教導你的孩子游泳與尊重水是十分重要的。
- 勿獨自游泳，即使在自家的游泳池也一樣，你永遠不知道什麼時候會發生意外。在沙灘或湖邊時，只能在有救生員駐守的限定區域游泳。
- 遵守游泳、划船及水上運動之規範及告示。
- 注意「太」字的危險性：太勞累、太冷，離安全區域太遙遠，陽光太強烈及太多激烈活動。
- 牢牢記住，救生衣、浮具或者是水上充氣玩具都無法取代父母親的監督。浮具有可能突然之間就滑開或移位，水上充氣玩具也可能突然漏氣，因而讓自己的孩子身陷險境。
- 戲水時勿飲酒。酒精會減弱你的判斷力、平衡感與協調能力，影響你的游泳技術、潛水技巧與行動協調能力，並使身體的保溫能力下降。

駕船者

- 駕船前，應確定自己對動力船隻與水上摩托車的相關規範與條例都相當熟悉，並確實遵守。不要在有限制的水域駕船、漫不經心地操縱船隻，或酒後駕船。更重要的是，如果有人因為你的粗心受到傷害，你將可能面對法律訴訟。

水上遊戲雖然有趣，但即使是在孩童池中無心的嬉戲也可能釀成災難。維持警覺性，時時注意孩子是否遇到了麻煩，不要仰賴其他人照顧你的孩子。

專業救難進行中的狀況。

法律層面

考量到安全時，法律通常站在受害者的那一邊。你應該記住：“一個有理性的人會如何理性地思考”是傷害發生時的考量重點，尤其是粗心大意引發的傷害。儘管每個案例都不相同，但如果你沒有預先在可能影響到別人的身心安全與健全等部分，採用安全措施，便得面對沈重的刑責或刑罰。忽視法律是沒理由可找的，儘管是否有犯意或可減輕你的刑責，還是難逃追究的責任。

救難相關事宜

救援泳者、駕船者或任何因其他各種原因溺水的人，都必須付出相當可觀的費用。儘管讓救生員跳下水將你帶上岸只傷了你一點自尊，你需要付出的可能至多也只是個「謝謝」，或是對該救生隊的小額捐款而已，但在某些國家，救援服務並非由政府負擔，而是一張給你的鉅額帳單，尤其當你的粗心大意是肇事主因的時候。若你不顧警告，又在水象不佳時下水而出了意外，便有可能必須負擔救援時的任何相關費用，並須因輕忽自己的生命安全而接受法律制裁。舉例來說，在暴風雨即將來襲的時候，駕著一艘小船出海便是非常愚笨的行為，且執行救援所需付出的代價也相當高。

海岸防衛隊或私人救援船、直昇機與緊急醫療服務都需經費維持。如果情況看來你必須為自己的困境負責，那麼就須賠償所有的救援費用。如果你常進行水上活動，應請你的保險公司修訂保單，以涵蓋所有可能的救援費用。

孩童與戲水 Children and water

一項令人難過的全球統計數字顯示，4歲以下幼童溺斃的地點，大多數是在自己家裡的游泳池，然而只要你嚴格遵守安全規範，並在孩子戲水或在池邊玩耍時，一刻都不鬆懈地注意四週情況，便可以避免悲劇的發生。當地有關單位的法則與規範可能隨著時間與地點而有所不同，如果你打算在自家興建一座游泳池，務必先弄清楚所有相關規定，例如圍欄、閘門、其他安全設備及注意事項。儘管大部分信譽良好的承包商都能給你建議，但要記得所有的責任最終還是由你來承擔，若有意外發生，你將可能必須因此負擔刑責或法律責任。

水池與游泳池

儘管水池或游泳池毫無疑問地可以提升房價並帶來許多歡樂，它們每年也奪走許多生命，故千萬不要讓孩童待在沒有人照顧的水邊，尤其當孩童靠近水邊時，大人應隨時注意。

- 往水邊的通道使用圍欄及自動上鎖的柵欄，以嚴格限制通行。欄柱間的距離不應該超過十公分（四英吋）寬。不使用游泳池時，閘門應上鎖。任何可直接由屋內通往池邊的門，也應隨時鎖住。在閘門邊可加裝警報器或感應器。
- 聰明的小孩可能會設法爬過圍欄，因此切記不要將任何可輕易搬動的庭院家具留在外面。
- 在游泳池邊準備基本救生設備：堅固的竿子、尼龍繩及浮具都是不錯的選擇。
- 玩具可能會誘使你的孩子跑進池裡，因此在使用過後應立刻收好。水上玩具尤其危險，孩子可能會在試圖搆著它們時跌進池裡。

使用堅固的圍欄封閉往游泳池的通道，閘門也應隨時鎖上，尤其是沒有人在附近時。

當孩童在游泳池內嬉戲時，永遠都需要有能力照顧的大人在旁照顧。

- 水會使池畔地面非常容易滑倒，故應教導你的孩子切勿在游泳池邊奔跑。他們也不應該在確定水裡有沒有其他人之前，就貿然往水裡跳。
- 如果在家裡找不到孩子的蹤影，應優先察看游泳池，到池邊檢查整個泳池的水面與底部，以及週遭區域。捉迷藏雖然很好玩，但可不能在游泳池邊進行。
- 救生衣必須有安全認證，並適合孩子的年齡。小孩可能較大人的上半身為重，如果設計有誤或沒有穿對，小孩可能會臉向下地浮在水上。
- 池畔派對會增加意外發生的機率，附近必須要有夠多成人可以照顧。將你的焦點放在孩子身上，手邊應隨時備有無線電話或手機，以便意外發生時求援之用。

小孩子救生衣設計必須合身才能夠發揮安全的作用。

- 學習**人工呼吸**（詳見第26頁）及**心肺復甦術**（詳見第22-37頁），並堅持你的孩子也要一起學。將心肺復甦術的操作方式貼在游泳池附近，並將當地緊急電話列表貼在電話旁。
- 游泳池用化學藥品應妥善收好。氯、泳池增酸劑及其他化學藥品若經不當使用，均具有危險性，而且你也不會想拿自己的游泳池當成化學實驗品，胡亂添加藥品的結果可能造成嚴重的灼傷，甚至失去手或眼睛。
- 泳池的幫浦系統應蓋好，其電線也應埋在地下，以免無意間被園藝叉子給損壞了。理想的情況下，電線應以導線管保護其絕緣體，並埋在地面以下30公分（12英吋）的地方，你可以導線管上舖設磚塊或石板，以達雙重防護的功效。為長遠考量，在房子配線圖上標明電線的位置，加註所埋位置的深度及保護的方式。

將未使用而積滿雨水的花盆清理乾淨。

水池與其他積水處

理論上，水對學步期的幼兒及幼童都極具吸引力，由於孩子天生就好奇心重又鬼靈精怪，你必須想辦法將任何意外發生的可能性降到最低。

- 若需用電，應選擇較一般使用之電量為低的幫浦。如此一來，變壓器就會靠近主要電源，並可使用電壓較低的電線（應如游泳池用電線般埋好並妥善保護之）。電與水或園藝用叉子通常不應該有任何交集，因此在你施工埋管之前，應先確認自己是否遵守了當地相關法規，而在清理幫浦或進行其他操作以前，應先關掉電源並拔掉插頭。
- 如果你有戶外接雨桶或集水槽，應確定其蓋子隨時均已鎖上。大雨後，應清空水桶、花盆及園藝容器內積水的習慣，以免幼童掉進去。

孩子在水邊玩耍時，一定要有大人在旁陪伴。

公共水域 Public waters

要涵蓋所有公共水域的安全守則幾乎是不可能的事，因為必須考慮進去的個人因素實在太多，至於個人對安全的態度，以及其他共享水域者的行為與態度，就更不用說了。當你在公共水域游泳或駕船時，應要遵守所有基本安全守則，但是其中最重要的就是在進入陌生的水域前，應先仔細評估該處潛在的危險，以及可能的風險。許多地方主管單位都會開放特定水域供游泳、無動力水上運動（例如衝浪或帆板運動）或駕船，但在沒有特別標示的水域，就有可能發現船隻躋身在泳者、衝浪者或帆板運動者之間，因此下水前，應謹慎挑選水域。儘管有對公共水域的管理規範存在，對許多小型船隻來說，這中間仍有許多灰色地帶，然而，負責任的船主在下水之前，應該遵守相關規定，並且擁有足夠的駕船能力才行。如果你度假時帶著帆船、機動船或水上摩托車一起同行，應注意當地規範，熟悉當地情況，並將當地緊急電話備妥在手邊。

海邊與河邊安全

- 隨時注意海浪、水象，或豎起的警告旗幟（警告旗幟可能因國家而有所不同）。
- 應選擇有人管理監督的區域。當意外發生時能有救生員幫忙，是最好的安全要素。
- 再怎麼技術高超的游泳者，都可能在水裡發生意料不到的意外，故千萬不要單獨去游泳。
- 如果是沒有人監督的水域，則應選擇水質清澈乾淨且較安全的地點。暗潮或亂流、暗礁、不可預期的陡坡以及水草，都十分危險，而狂潮巨浪更可能釀成悲劇。在湖邊或河邊，水污染則可能造成游泳者的健康問題。
- 除非你確知該水域的深度，否則不要貿然跳水或潛水。每年都有許多人因頭朝下跳入太淺的水域，而造成頸部或脊椎傷害。潮汐與海浪運動可能會改變水深，形成之前不存在的沙洲。

海象變化莫測，應隨時提高警覺。

- 千萬別游離岸邊或河的上、下游太遠。一定要預留游回來的體力，尤其是逆流時，如果你被橫流逮住了，別跟它對抗，試著漸漸游過它。
- 確定碼頭與浮台狀況良好。跳下碼頭前先看碼頭與浮台上是否有人擋路；在海邊的話，要避開防波堤、堆積物、繫泊浮標及深潛用平台。
- 如果陷入急流中，應將雙腳併攏、雙臂張開、面對下游方向，才能看到及避開石頭或橫在河流上方的樹枝。不要試著站起來，儘量橫越急流，爬到最近的岸邊，逆流而上是游不遠的。
- 在湖或河中，用以處理水流排放的排水渠道相當危險。在大雨之後，這些渠道很快就會變成洶湧狂流，可輕易奪走人們的生命，急流挾帶的垃圾更添危險。
- 河流急彎的外側河岸，往往比內側來得陡峭而急陷，水深也最深。一陣急流很可能將你往外側較深的河岸推去，使你失去深度。
- 不論是到海邊、湖濱或河畔，都應選擇維護妥善的區域。乾淨的洗手間或沒有垃圾的環境，都象徵這個地方有人關心著你的健康與安全。

駕船與動力水上活動

- 加入領有許可執照的訓練班。這些訓練班會教你一般水上安全、急救技巧，並對任何可能發生的事情做好準備。
- 在帶著你的船出門以前，應先加入駕船俱樂部，或將自己的計畫及出遊時間告訴其他有責任感的人。如果你沒有無線電或手機等聯絡方式，千萬不要脫離既定行程，即使一點點都不行。這非常重要，如果你被天氣影響延遲了行程、迷路或碰到其他問題，你必須讓救援人員找得到你。
- 即使是釣魚時，也必須隨時穿著合格的救生背心或安全背帶。孩童專用救生背心的尺寸，則應符合孩子的年齡與身材。
- 注意水上的船或水中的活動。要記住，船的附近可能會有人進行潛水或浮潛，故經過時最好減速，並預留水域淨空的空間。
- 駕船時應具有禮貌與常識，遵守水道交通規則，保持在有標示的航道中，並遵守導航浮標

在河中，腳朝下順著水流方向才能看見障礙物。

駕船或釣魚時，應隨時穿著救生背心或安全背帶。

或導航燈的「用路規範」，以及無浪速度與最高航速的限制，時時注意前方水面的狀況。千萬不要在夜間或禁航水域駕船。

- 動力船隻的駕駛者應特別注意游泳者與衝浪運動者。在離開海岸線、游泳區域及碼頭以前，應維持慢速航行，經過其他船隻或其尾波時，亦應避免過於靠近。
- 駕駛水上摩托車時，至少應與一名以上的同伴同行，畢竟你永遠無法預料意外什麼時候會發生：你有可能給風吹離了海岸線，甚至用光了汽油。

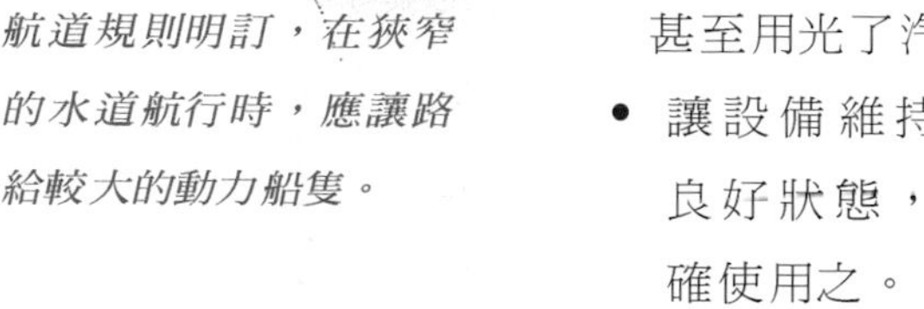

航道規則明訂，在狹窄的水道航行時，應讓路給較大的動力船隻。

- 讓設備維持在良好狀態，並正確使用之。
- 滑水時，駕船者在靠近失足跌落的滑水者時，應將馬達關掉。甲板上應有人可以用手勢與駕船者溝通，以協助落水的滑水者。往岸邊靠近時，滑水者應與海岸平行，慢慢前進，如果靠近得太快時，可以坐下來。
- 駕船時不得飲酒，以免判斷力降低、無法集中注意力並容易發生意外。

如果你正計畫進行單人小艇之旅，務必裝備齊全。

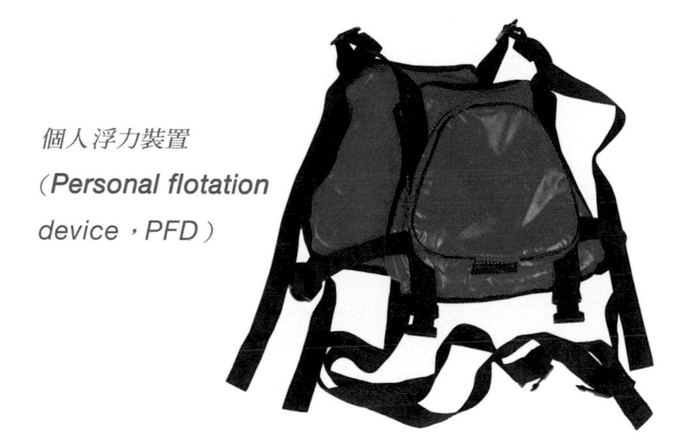

個人浮力裝置（Personal flotation device，PFD）

無動力划船

- 切忌單獨進行。如果你對該水域不熟悉，應觀察當地人的作法，並在出海前打聽風向與海浪狀況。
- 駕駛風浪板時，務必穿著合格的救生背心或安全背帶，並在出發前檢查過所有裝備。
- 救生衣、個人浮力裝置（Personal flotation device，PFD）及安全帽都是不可或缺的。
- 在寒冷的狀況下進行風浪板或衝浪運動時，應穿著全套潛水裝以避免失溫；晴天時，長袖衣物或防曬油都可以減低風傷或曬傷的機率。
- 大部分水上活動都需要良好的體能與游泳技術。使用衝浪板或單人橡皮艇，並不表示你就不需要游泳。
- 橡皮筏或單人橡皮艇不可超載。
- 注意游泳者或其他玩水者，尤其是靠河岸邊時。
- 不可在大雨過後到河邊划船或泛舟，以免遇上急流。

浮潛與深潛

- 如果你是個浮潛新手，應先在淺水區練習到有信心之後再下水。仔細檢查你的裝備，並搞清楚該怎麼使用它。要學會清除浮潛管中積水並將面具重新戴上的方法。
- 游泳時，切勿離海岸或你搭的船太遠，也應注意不要被浪給帶開了。
- 注意「夥伴原則」，千萬不要獨自在深水區潛水或浮潛。
- 任何信譽良好的潛水用品商都不會將器材販賣、出租或回充給沒有合格潛水執照的顧客，因此在展開你的水下冒險前，適當的訓練課程與證書是必要的。取得證書後，不可在你資格不符的水域潛水，你的潛水教練或船駕駛會確保你將潛水的區域符合你所受的訓練及裝備。
- 負責任的潛水者「計畫其潛水且潛其計畫」。在水下，不要偏離你計畫的潛水區域，注意你在水下的時間及所剩空氣，上浮時，停下來幾次以供減壓。

安全潛水的定義是：在下水前先徹底檢查所有裝備，確定其狀態良好。

- 深潛者常犯的一項錯誤是：在罹患小感冒或其他呼吸道感染時下水，結果玩得痛苦不堪，敗興而歸。

水上主題樂園

- 確定該地有救生員駐守。仔細閱讀過所有告示，遵守救生員的指示，如對正確程序有不瞭解之處時，應立刻發問。
- 不同遊樂設施的水深可能有所不同，應多注意。
- 有些地方會提供免費的救生背心，不會游泳的人使用任何遊樂設施時都需穿著救生背心。

到水上主題樂園遊玩，應隨時注意孩子的安全。孩子可能會滑倒、跌倒，甚至被推入深水區中，應提高警覺。

基本救生技巧

如果你發現自己身陷險境，下面有些步驟可幫助你在等待救援時先求自保。

- 意外落水時，應摒住呼吸、緊閉嘴巴，以免喝到水。有些河與水壩的深度並沒有想像中的深，可以試著站起來看看。
- 如果你無法站起來，離岸邊又有一段距離時，試著踏水。保持身體向前，手腳並用地「拍水」，向岸邊或最近的安全物體前進。
- 如果你穿著笨重或體積龐大的衣服或鞋子，看看是否能脫掉，甚至反過來當成浮具之用。
- 在水中維持膝蓋抱在胸前的坐姿，減少失溫。
- 如果你會游泳而情況也許可的話，以最不費力的姿勢，儘量順流游到最近的岸邊，尤其在距離相當遠的時候。如果游累了，就以仰式拍水休息一下。
- 如果有人拋救生圈或其他浮具給你，務必要抓牢，好讓人把你拖上岸。如果水流強勁，或有其他碎浪，試著利用退潮及水流幫助救援者，但讓他們掌控整個狀況。

幫助其他人

- 除非你受過救生訓練或知道該怎麼做，否則不要援救他人。
- 若需將人從深水中救起，應注意溺者可能正陷入恐慌中，而將你也拖入水中。
- 不要游向溺者，除非別無他法。帶著溺者可以抓住的東西，例如救生圈或救生浮具，如果都沒有的話，至少帶條毛巾或衣服。

口對口人工呼吸

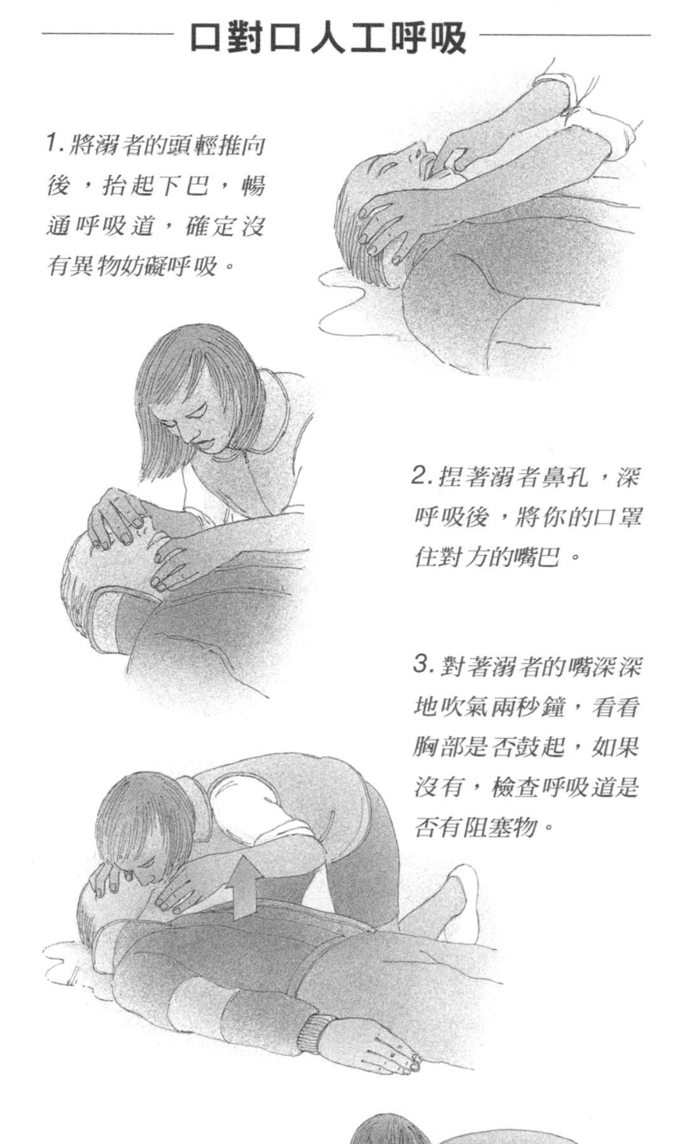

1.將溺者的頭輕推向後，抬起下巴，暢通呼吸道，確定沒有異物妨礙呼吸。

2.捏著溺者鼻孔，深呼吸後，將你的口罩住對方的嘴巴。

3.對著溺者的嘴深深地吹氣兩秒鐘，看看胸部是否鼓起，如果沒有，檢查呼吸道是否有阻塞物。

4.待溺者胸部往下落後，深呼吸並重複上述步驟。檢查溺者脈搏，看看心臟是否仍在跳動，如果答案為是，則持續每五秒鐘吹氣一次，直到溺者呼吸恢復正常為止。之後，將溺者轉成復甦姿勢。

迅速提示的口訣—SAFE

在緊急急救的時候，最不希望發生的就是不知道下一步該怎麼做。利用牢記此頁及下頁當中一連串經證實有效的步驟簡述，你就可以在緊急狀況開始最致命的幾分鐘內，採取有效的救命措施。

S

（Shout for help）大聲呼救

立即呼救尋求醫療協助或急救服務。最理想的方式是找一個有責任感的人去打電話請求急救，而自己留下來陪伴照顧傷患。

A

（Approach with care） 小心靠近

檢查週遭環境是否有潛在的危險會對你或傷患造成傷害，這同時包括了傷患的心理及情緒反應。

F

（Free from danger） 遠離危險

雖然在急救服務抵達之前，不應該隨意移動傷患，但應衡量現場是否會發生更多危險，若現場處於危險狀態，應小心地讓自己本身、所有的救護人員以及傷患保持安全，或是遠離危險。

（Evaluate the ABC） 評估ABC

完成了以上的預防措施之後，就可以開始檢查傷患的意識狀態及生命功能（ABC）。如果必要，應儘速進行復甦術。

迅速提示的口訣一ABC

A

(Airway)打開呼吸道

一個失去意識的傷患，可能需要協助暢通呼吸道來使他能夠自己呼吸。將傷患平躺後，壓額抬顎法可以讓呼吸道暢通(詳見第24頁)。如果懷疑有頸部受傷的可能，在移動頭部的過程，應予以支撐保護並小心謹慎，或是在移動時試著只抬高下巴。

B

(Breathe)檢查呼吸

在暢通呼吸道並使傷患保持在適當姿勢之後，你必須根據傷患的胸部起伏活動，聽其呼吸聲及感覺呼吸的動作，來確認傷患是否已開始正常呼吸。若十秒之內傷患沒有呼吸跡象，應進行人工呼吸 (詳見第24頁)。

C

(Circulation)檢查循環徵象

如果傷患已經在呼吸，或是在呼吸道暢通後立刻恢復呼吸者，接下來可利用感覺頸動脈(在頷骨下方)或臂部動脈(手肘關節處)的脈搏，來檢查身體循環狀況是否良好。如果十秒鐘之內不能感覺到脈搏，應進行胸部按壓(詳見第26頁)。

詞彙表

A

ABC 縮寫A＝打開呼吸道（Airway）；B=呼吸（Breathing）；C=檢查循環徵象（Circulation）

Abdominal thrust 腹部快速按壓法（腹部猛推法）（亦稱哈姆立克法） 向腹部施壓以排除呼吸道深處異物哽塞的方法。

Abrasion 擦傷 皮膚被刮破或摩擦後的傷口。

Acute 急性的 症狀來得又快又嚴重的情形（見慢性比較之）。

Airway 呼吸道 空氣出入肺部的通道。

Allergens 過敏原 在體內刺激過敏反應的物質

Amputation 切除術（截肢術）完全切除身體某一部分。

Anaphylaxis 過敏性反應 是一種急性且具有潛在致命性的不良反應。

Angina (pectoris) 心絞痛 心肌缺氧而造成突發性胸痛。

Arteries 動脈 帶著血液離開心臟的血管（同時見Veins）。

Arteriosclerosis 動脈硬化症 因許多因素條件造成動脈血管壁變厚、變硬及失去彈性的病名。

Asthma 氣喘 因為過敏原造成難以呼吸伴隨著哮吼聲、咳嗽的病因。

Atherosclerosis 動脈硬化症 另外種形式的動脈硬化症，是由動脈壁上的脂肪增厚所引起的。

B

Back blows 背部拍擊 為了減輕氣管的阻礙而用力拍打背部。

Bacteria 細菌 可造成疾病的菌類。

Basic life support 基本生命維持機制 不用設備而進行ABC步驟。

Blood pressure 血壓 血液在動脈血管壁上所造成的壓力。

Blood volume 血液容量 存在於心臟及血管內的血液容量。

Brachial pulse 臂動脈 在上手臂內側感覺到的脈搏，通常適用於嬰兒。

Bruise 瘀傷 皮下出血，血管破裂的現象。

C

Capillaries 微血管 連接動靜脈之間的極小血管，並提供氣體或養分進出於其他組織之間。

Capillary refill test 微血管填充測試 一種確定傷患是否休克中的測試。壓傷患的手指指尖五秒鐘然後放開，若出現正常粉紅色且在兩秒之內沒有恢復正常膚色，則可能就是發生休克（見P.38）。

Carbon dioxide (CO2) 二氧化碳 被細胞製造出來後被肺部呼出的廢氣。

Carbon monoxide (CO) 一氧化碳 一種無色無味的危險氣體，因為它會更易於與紅血球結合並會取代氧氣，使得身體的含氧量降低，造成生命危險。

Cardiovascular disease 心血管疾病 心臟及血管功能失調所產生的疾病，如高血壓及動脈硬化症。

Cardiac arrest 心搏停止 心臟功能突然停止且沒有脈搏的現象。

Carotid artery 頸動脈 位於頸部的重要動脈，常用來測量頸脈搏。

Cartilage 軟骨 一種覆蓋於骨頭間的堅硬富彈性的組織，同時也是形成部分耳朵及鼻子。

Central nervous system 中樞神經系統 由腦與脊髓構成的系統。

Cerebrovascular accident (CVA) 腦血管

意外（俗稱中風）對腦部的供血以及循環功能突然被中斷。

Cervical collar 頸圈 固定並支撐頸部的用具。

Chest thrusts胸部按壓法 在嬰兒或孩童身上用推的按摩方式暢通氣管。

Cholesterol 膽固醇 是一種像脂肪的物質，白色無味，非水溶性的分子，是身體內大部分細胞膜的基本成分，含量過多會造成動脈硬化症等。

Chronic 慢性的 一種長期、持久的狀態或是一直復發的疾病或狀態。

Chronic obstructive pulmonary disease (COPD) 慢性阻塞性肺部疾病 為一慢性肺部疾病，會造成肺部及呼吸道阻塞。

Circulatory system 循環系統 又稱為心脈管系統 (cardiovascular system)，功能上主要是經由推動血液之循環達成全身物質之交換與平衡之功能。

Closed wound 封閉型傷口 皮膚表面完好的傷口。

Concussion 腦震盪 頭部外傷、腦部被撞擊的結果。

Congestive heart failure充血性心臟衰竭 因心臟幫浦功能失效，造成液體無法供應至身體組織及肺臟。

Coronary artery 冠狀動脈 供給心臟營養及氧氣的血管。

Cornea 眼角膜 在眼球前面的透明物。

Croup 喉頭炎 病毒感染的喉頭腫大現象，特別常發生在嬰兒及孩童身上。

Cyanosis 發紺 因血液中缺氧或循環不良所造成的嘴唇發黑、四肢發紫、臉色呈暗藍色等現象。

D

Defibrillation 去顫術 使用電擊心臟的纖維性顫動（詳見 去顫術）。

Deoxygenated blood 去氧血 血液當中含著比例極低的氧氣。

Diabetes 糖尿病 由於胰臟分泌的胰島素量不足或作用不佳，使體內新陳代謝發生障礙而引起的慢性疾病。

Diarrhoea 腹瀉 頻繁且水分多的排便現象。

Direct pressure 直接加壓（止血法） 直接在傷口上施加壓力使其流血狀態停止。

Dislocation 脫臼 位在關節處的骨頭表面脫出正常排列。

Dressing 包紮用品（敷料） 包裹傷口的用具，用來止血及防止傷口的污染。

E

Embedded object 嵌入物 異物插入皮膚內或深及身體組織。

Embolus 栓子 如血液凝塊或脂肪塊等阻塞血管的物質。

Emetic 催吐劑 幫助嘔吐的藥劑。

EMS (Emergency Medical Services) 緊急醫療系統 一種社會組織，專門服務回應緊急救護的狀況。

Emphysema 肺氣腫 一種慢性肺部疾病，特色是肺泡壁的過份伸張（詳見 COPD）。

Epidermis 表皮 皮膚的最外層。

Epiglottis 會厭 一種蓋子狀的軟骨組織用以保護進入喉頭的通道。

Epiglottitis 會厭炎 一種感染症/炎症，通常發生在孩童身上，會使得會厭腫大（可能會引起喉頭炎）。

Epilepsy 癲癇 一種慢性腦部疾病會引起再發性的痙攣。

ESM (Emergency Scene Management) 急救情況管理 急救者應依循的一連串動作以提供安全且適當的急救措施。

Exhalation 呼氣 呼出氣體。

F

Fibrillation 纖維性顫動 心肌不協調地無效性收縮。

Flail chest 連枷胸 為當單側肋骨骨折超過至少兩根以上時，導致那塊區域不能正常移動。

First aid 急救 利用可獲得的用具給予生病或受傷患立即給予幫助。

First aider 急救人員 負責處理緊急狀況並給予急救護理的人員。

First responders 第一回應者 如警察、消防隊、救護車人員等最先抵達急救現場的人員。

Fontanelle 囟門 初生嬰兒的顱骨骨化尚未完成時，在顱頂部的前後方各有一處未閉合的地方。

Fracture 骨折 骨頭折斷或破裂。

Frostbite 凍傷 因暴露在極寒冷的情況下，所造成的組織損傷。

G

Gastric distention 胃脹氣 胃充滿空氣而造成胃部腫大。肇因於在人工呼吸時通進過多的空氣在胃部。

Gauze 紗布 有細小網眼的白色網狀包紮用材。

Glasgow Coma Scale (modified) 格拉斯哥昏迷指數 一種評估病患意識程度的方法。

H

Head-tilt chin-lift manoeuvre 壓額抬顎法 一種使得氣管暢通的方法。用一手將頭部向後傾，並用另一手抬高下顎使嘴張開，將病患的舌頭拉離喉嚨的後部，這個動作可以打開病患的呼吸道。

Heart attack 心臟病發作 因心臟某部分肌肉死亡而造成的胸部疼痛。是一種心肌梗塞症狀。

Heart failure 心臟衰竭 心臟肌肉過於衰弱以致無法推動血液前往至身體各處，並使體液倒流到肺部，或使得腳踝關節腫大等症狀。

Heat cramps 熱痙攣 因熱而流失太多水分及鹽分導致肌肉疼痛痙攣。

Heat stroke 中暑 這是一個體溫調節機制無法讓體溫降低，造成體溫遠高於正常的緊急狀況，也稱做高體溫症或日射病。

Heimlich manoeuvre (abdominal thrusts) 哈姆立克法（腹部快速按壓） 向腹部施以壓力以排除呼吸道異物哽塞的方法。

History 病歷 傷患疾病的資訊、症狀、適用藥物及可能產生的其他併發症等。

Hyperglycaemia 血糖過高 不正常的過高血糖量。

Hypertension 高血壓 過高的血壓。

Hyperthermia 體溫過高 太高的體溫。

Hyperventilation 過度換氣 肺內部的呼吸深度和次數增加而造成的過度換氣，通常使二氧化碳大量減少。

Hypoglycaemia 血糖過低 不正常的過低血糖量。

Hypothermia 低體溫症 過低的體溫。

Hypoxia 缺氧 組織當中氧氣含量太少。

I

Impaled object 嵌入物 嵌進傷口的異物。

Immobilization 固定 限制身體全身或某部分以防移動。

Incontinence 大小便失禁 大小便失去控制。

Infarction 梗塞 由於缺乏血流使得某部分組織死亡。

Inflammation 發炎 身體組織對刺激、受傷或炎症等作出的反應，如紅、腫、熱、痛等。

Inhalation 吸入 吸進、吸氣。

Insulin 胰島素 一種由胰臟分泌的荷爾蒙，可以幫助控制血糖。

Insulin coma/shock 胰島素休克 因分泌過多胰島素導致血糖過低的現象。

Involuntary muscle 不隨意肌 不受意識控制的肌肉部分，例如心臟及腸道的肌肉等。

Ischaemic 缺氧性 缺乏足夠的氧氣；如缺血性心臟病。

J

Joint 關節 兩根以上骨頭相遇處。

Joint capsule 關節囊 厚厚地包覆關節的組織。

L

Laceration 撕裂傷 遭到撕裂外力而造成有缺口的傷。

Ligament 韌帶 骨頭與骨頭之間強而有韌性的連結組織。

Lymph 淋巴液 與血漿類似的液體，在淋巴系統當中循環。

Lymphatic system 淋巴系統 一個由管道及腺體所組成的系統，可蒐集由血管漏出的游離性蛋白質和清除體內的微生物與異物。

M

Mechanism of injury 傷害機轉 引起傷害的外力以及如何傷害到身體的過程。

Medical help 醫療協助 在醫生的指導下進行的治療。

Micro-organisms 微生物 可引起疾病的病菌

Mouth-to-mouth ventilation 口對口人工呼吸法 利用人工方式將空氣吹進傷患口中。

Mucous membrane 黏膜 覆蓋體內管道及內部器官的細薄、光滑且透明的薄膜，如口腔、鼻腔、眼、耳和小腸的表層膜。

Musculoskeletal system 肌肉骨骼系統 讓身體可以行動、移動的所有骨頭、肌肉及連帶組織。

Myocardial infarction 心肌梗塞 心肌某部分的死亡；即心臟病發作。

N

Nerve 神經 攜帶神經脈衝，來回往返腦部的纖維。

Nervous system 神經系統 包含了腦部、脊髓及神經等控制身體活動等器官的系統。

Nitroglycerine 硝化甘油 一種用來減輕心臟負荷的藥物，常為藥丸或噴霧狀，並用於心絞痛的傷患。

O

Obstructed airway 呼吸道阻塞 往肺部的氣管有阻礙物。

Oxygen 氧氣 生命所需無色無味的氣體

P

Paralysis 麻痺 身體的某一部分無法移動、行動或失去活動功能。

Physiology 生理學 有關身體功能的學問。

Plasma 血漿 包含了蛋白質的淡黃色液體，血球已被全部移除的血液。

Pleural membrane 肋膜 包覆在肺部外面及胸腔表面裡的光滑膜層。

Pneumonia 肺炎 肺部的發炎。

Pnuemothorax 氣胸 肺臟保存在胸腔之內，肺臟與胸腔壁之間為肋膜腔，正常都維持在負壓的狀態。如果肺臟漏氣，使得空氣流入肋膜腔之內，使負壓消失，讓維持正常肺呼吸功能的肺臟塌陷。

Primary survey 首要檢視 評估引發造成生命危險的疾病之傷患（其狀況、症狀）及給予適當的急救。

Pulmonary artery 肺動脈 從右心室出來的動脈，帶著去氧的血液到肺部。

Pulse 脈搏 脈搏是心臟打出血液進入動脈系統產生的結果，通常可在血管跨過骨頭之上的表面處感受得到。

R

Radiate 輻射狀延伸、擴散 從中心點散發開，如心臟病發生在胸部的疼痛輻射狀延伸至左手臂。

Red blood cells 紅血球 數量最龐大的血球種類，能攜帶氧氣。

Respiratory arrest 呼吸衰竭 停止呼吸。

Retina 視網膜 在眼球後方的襯膜，將光線轉換進入神經脈衝。

RICE Rest=休息 Ice=冰敷 Compression=加壓 Elevation=抬高 針對某些骨頭及關節傷害的急救步驟。

Rule of nines 九則計算法 計算人體的燒燙傷面積之定律規則。

S

Scene survey 場面調查 急救人員急救的ESM的最初步驟，排除現場任何危險物並確保現場安全，確認發生何種狀況，表明自己的急救人員身分，獲得傷患的同意，請求旁觀者的協助並指派他們去進行能夠協助傷患的步驟（如叫救護車，取來擔架等）。

Secondary survey 次要檢視 評估引發不會有生命危險的疾病之傷患（其狀況、症狀）及給予適當的急救。

Sign 症候 疾病或損傷的客觀證據。

Spontaneous pneumothorax 自發性氣胸 氣體進入肋膜腔從肺部較脆弱的部分滲入肺部。

Sprain 扭傷 支撐關節的組織（如韌帶）經伸張，導致部份或完全的裂傷（同於strain）。

Sternum 胸板、胸骨 胸部的骨頭。

Strain 拉傷 過度伸張的肌肉（同sprain）。

Sucking chest wound 吸入性胸壁傷口 因空氣被強力拉進胸腔而造成的胸部損傷。可以造成肺部的萎縮。

Superficial 表面的 身體的表面。

Symptom 症狀 傷患經歷的疾病或傷害的跡象，不詢問傷患是無法從觀察人員的觀察發現的徵候。

T

Tendon 腱 接附著肌肉到骨頭或是其他組織的堅固索狀組織。

Tetanus 破傷風 細菌的一種，會入侵傷口可能造成嚴重肌肉痙攣。

Transient ischaemic attack（TIA）暫時性腦缺血 中風的暫時性症狀及警訊，血管一旦被阻塞，該血管所灌流的腦部組織隨即發生短暫缺血的現象。

Trachea 氣管 喉頭到支氣管的通氣管道。

Traction 牽引 溫和穩定地拉住骨折的地方，使之成為直線。

Trauma 外傷、傷口 任何生理或心理的損傷。

Triage 檢傷分類 在複數傷患當中，依傷患病情危急的程度，建立病患優先就診順序的一種系統。

V

Vein 靜脈 攜帶血液往心臟的血管。

Ventilation 通風 補充空氣到肺部。

Ventricles 心室 心臟中較低部位，像幫浦一樣把血液打入動脈。

Ventricular fibrillation 心室顫動 心臟肌肉發生顫動的現象，使得很少血液甚至是沒有血液流入動脈。

Vital signs 生命徵象 顯示傷患基本狀態的跡象：每分鐘呼吸次數、心跳數、體溫及意識程度等。

W

White blood cells 白血球 血液中的一種細胞成分，能吞噬異物和產生抗體，以幫助機體防禦感染。

個人緊急聯絡電話紀錄

救護車／緊急服務..........

醫院..........

家庭醫生..........

消防隊..........

警察局..........

毒物諮詢中心..........

親戚..........

鄰居..........

學校..........

公司..........

藥局..........

牙醫..........

獸醫..........

電力公司..........

瓦斯公司..........

自來水公司..........

保險公司..........

居家急救百科

FIRST AID for Family Emergencies

作　者	羅德・貝可＆大衛・貝思博士
譯　者	李琪瑋
審　訂	梁子豪　醫師
發行人	林敬彬
主　編	楊安瑜
編　輯	杜韻如
內文排版	周惠敏
封面設計	周惠敏
出　版	大都會文化事業有限公司　行政院新聞局北市業字第89號
發　行	大都會文化事業有限公司
	110台北市信義區基隆路一段432號4樓之9
	讀者服務專線：（02）27235216
	讀者服務傳真：（02）27235220
	電子郵件信箱：metro@ms21.hinet.net
	網　址：www.metrobook.com.tw
郵政劃撥	14050529　大都會文化事業有限公司
出版日期	2008年9月　平裝版初版一刷
定　價	450元
特　價	299元
ISBN 13	978-986-6846-46-5
書　號	Health+17

Metropolitan Culture Enterprise Co., Ltd.
4F-9, Double Hero Bldg., 432, Keelung Rd., Sec. 1,Taipei 110, Taiwan
Tel: +886-2-2723-5216　Fax: +886-2-2723-5220
E-mail: metro@ms21.hinet.net　Website: www.metrobook.com.tw

First published in UK under the title First AID for Family Emergencies
by New Holland Publishers （UK）Ltd

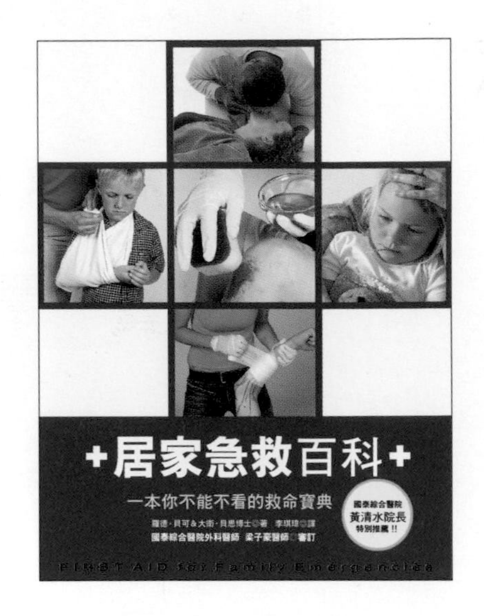

國家圖書館出版品預行編目資料

居家急救百科：一本你不能不看的救命寶典 /
羅德.貝可, 大衛.貝思著；李琪瑋譯.
-- 初版. -- 臺北市：大都會文化, 2007【民96】
面；　公分. --（Health；8）
譯自：First aid for family emergencies
ISBN 978-986-7651-99-0（精裝）
1. 家庭急救
429.4　　　96001758

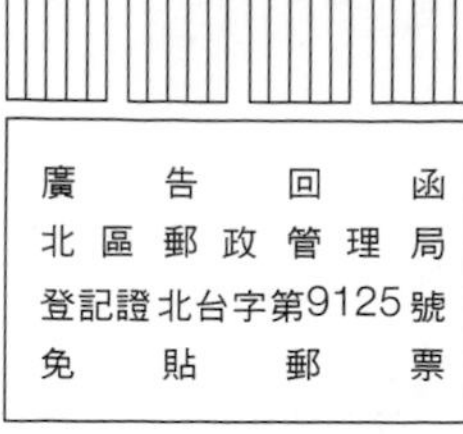
廣 告 回 函
北區郵政管理局
登記證北台字第9125號
免 貼 郵 票

大都會文化事業有限公司
讀 者 服 務 部 收

110台北市基隆路一段432號4樓之9

寄回這張服務卡〔免貼郵票〕
您可以：
◎不定期收到最新出版訊息
◎可參加各項優惠活動

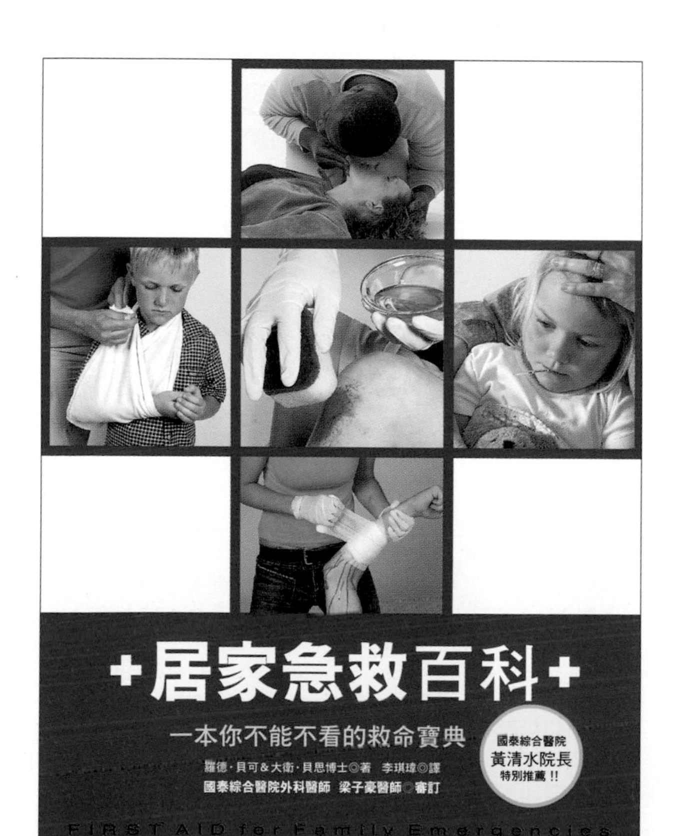

書名：居家急救百科

謝謝您選擇了這本書！期待您的支持與建議，讓我們能有更多聯繫與互動的機會。日後您將可不定期收到本公司的新書資訊及特惠活動訊息。

A.您在何時購得本書：　　年　　月　　日

B.您在何處購得本書：　　書店，位於　　(市、縣)

C.您從哪裡得知本書的消息：

1.□書店　2.□報章雜誌　3.□電台活動　4.□網路資訊　5.□書籤宣傳品等　6.□親友介紹　7.□書評　8.□其他

D.您購買本書的動機：（可複選）

1.□對主題或內容感興趣　2.□工作需要　3.□生活需要4.□自我進修　5.□內容為流行熱門話題　6.□其他

E.您最喜歡本書的：（可複選） 1.□內容題材　2.□字體大小　3.□翻譯文筆　4.□封面　5.□編排方式　6.□其他

F.您認為本書的封面： 1.□非常出色　2.□普通　3.□毫不起眼　4.□其他

G.您認為本書的編排： 1.□非常出色　2.□普通　3.□毫不起眼　4.□其他

H.您通常以哪些方式購書：（可複選） 1.□逛書店　2.□書展　3.□劃撥郵購　4.□團體訂購　5.□網路購書　6.□其他

I.您希望我們出版哪類書籍：（可複選）

1.□旅遊　2.□流行文化　3.□生活休閒　4.□美容保養　5.□散文小品　6.□科學新知　7.□藝術音樂　8.□致富理財　9.□工商企管　10.□科幻推理　11.□史哲類　12.□勵志傳記　13.□電影小說　14.□語言學習（______語）　15.□幽默諧趣　16.□其他

J.您對本書（系）的建議： ________________________________

____

K.您對本出版社的建議： ________________________________

____

讀者小檔案

姓名：　　**性別：** □男　□女　　**生日：**　　年　　月　　日

年齡： 1.□20歲以下 2.□21—30歲 3.□31—50歲 4.□51歲以上

職業： 1.□學生 2.□軍公教 3.□大眾傳播 4.□服務業 5.□金融業 6.□製造業　7.□資訊業 8.□自由業 9.□家管　10.□退休 11.□其他

學歷： □國小或以下 □國中 □高中／高職 □大學／大專 □研究所以上

通訊地址： ________________________________

電話：（H）______________（O）______________傳真：______________

行動電話： ______________ **E-Mail：** ______________

◎謝謝您購買本書，也歡迎您加入我們的會員，請上大都會文化網站 www.metrobook.com.tw 登錄您的資料，您將會不定期收到最新圖書優惠資訊及電子報。